青少年科普知识读本

打开知识的大门，进入这多姿多彩的

生命溯源探幽

苏　易◎编著

河北出版传媒集团
河北科学技术出版社

图书在版编目(CIP)数据

生命溯源探幽 / 苏易编著. --石家庄 ：河北科学技术出版社，2013. 5(2021. 2 重印)

ISBN 978-7-5375-5796-2

Ⅰ. ①生… Ⅱ. ①苏… Ⅲ. ①生命起源-普及读物 Ⅳ. ①Q10-49

中国版本图书馆 CIP 数据核字(2013)第 074764 号

生命溯源探幽

shengming suyuan tanyou

苏易　编著

出版发行　河北出版传媒集团

河北科学技术出版社

地　　址　石家庄市友谊北大街 330 号(邮编:050061)

印　　刷　北京一鑫印务有限责任公司

经　　销　新华书店

开　　本　710×1000　1/16

印　　张　13

字　　数　160 千字

版　　次　2013 年 6 月第 1 版

2021 年 2 月第 3 次印刷

定　　价　32. 00 元

前言 Foreword

生命是从哪儿来的？最初是如何产生的？古往今来，不知有多少人产生过这样的疑问，也不知道人们对这些问题争论了多少个世纪。然而，人们一直都无法找到正确的答案。

随着现代科学技术的进步和社会文化知识的丰富，大千世界变得日新月异，充满了无穷的魅力。人们对世界的认识也由最初的保守、被动接受转变为积极地探索研究。科技的发展使得人类的眼界越来越宽阔，但是未知的世界也愈来愈多，对于生命，人们更是坚持不懈地进行着探索和研究。

我们都知道，生命是地球上独特的存在，也是人类着重研究的神秘现象之一，一直以来，人们孜孜不倦地对生命进行探索，想解开关于生命现象的各种谜团，生命的溯源是人类最渴望得知的。从最初的生物进化，到第一批生物懂得追杀别的生物，再到从第一批生物从水中踏上陆地……它们究竟是怎样的一个进化过程呢？生命究竟是如何演变而来的呢？

这些问题，我们试图在《生命溯源探幽》一书中尽量给你解释，并激发你的想象力。本书文风谨严、文字流畅，既无八股式的陈旧呆板，也无学究式的晦涩艰深，真正做到了深入浅出、通俗易懂。在注重知识性、科学性、实用性的同时，还增添了精美的插图。既能帮助青少年增长知识、开阔视野，又有助于他们文化素质的提高和阅读能力的培养，是青少年朋友应读的最佳课外读物之一。

希望本书能满足读者强烈的好奇心，激发其旺盛的求知欲，让读者主动、积极地去认识，去追寻，去发现，去探索这个世界更多的未知领域。

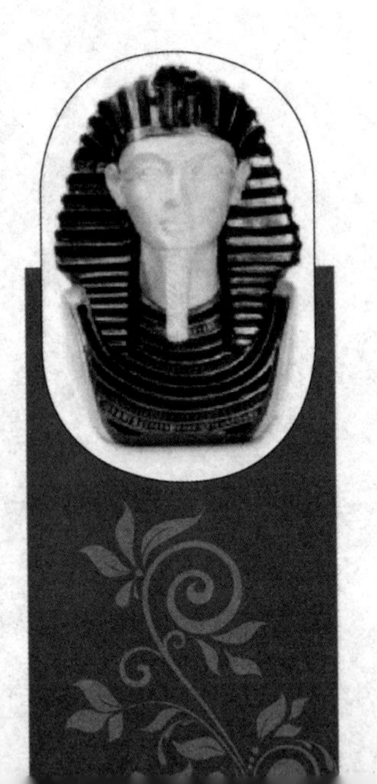

Contents

第一章　地球生命溯源探幽

我们从何处而来 …………………………………… 2

生命起源的星星之火 ……………………………… 6

生命的演变和进化 ………………………………… 9

人类社会的进化 …………………………………… 14

化石——见证生命演变的镜子 …………………… 18

第二章　基因信息和遗传研究

了解 DNA …………………………………………… 28

生物遗传与变异 …………………………………… 30

遗传基因技术的应用 ……………………………… 39

探秘人类生命基因密码 …………………………… 42

基因疗法治疗遗传病 ……………………………… 44

人类血型遗传溯源 ………………………………… 46

A、B、O 血型基因 ………………………………… 49

第三章　生命的基本组成单位

细胞的发现 …… 52

细胞的形成原因 …… 70

细胞的组成单位——蛋白质 …… 75

探幽生命能源 …… 78

细胞的新陈代谢 …… 84

最古老的细胞 …… 88

单细胞生命的形成 …… 90

多细胞生物的崛起 …… 97

第四章　植物世界的生命探幽

植物生命溯源与进化 …… 100

藻类植物 …… 101

蕨类植物的产生 …… 104

蕨类植物的繁盛 …… 109

种子植物的崛起 …… 113

第五章　动物王国的进化之路

动物的元祖——单细胞动物 …………………………………… 126
最早"登陆"的动物 …………………………………………… 133
爬行动物统治时代 …………………………………………… 138
鸟类的天空 …………………………………………………… 150
哺乳动物时代 ………………………………………………… 153
哺乳动物基因解锁 …………………………………………… 165

第六章　人类进化的解读

人是怎样从洪荒中走出的 …………………………………… 170
追溯人类起源的学说 ………………………………………… 189
人种之分 ……………………………………………………… 193
人类的大脑智力发育 ………………………………………… 196

第一章 地球生命溯源探幽

地球是一个美丽的星球，地球的美丽源于地球上形形色色的生命体组成了一个美丽富饶的世界。探寻地球生命，寻找生命的根源，这是我们追寻人生意义、探究生命的重要课题。

我们从何处而来

从肉眼无法看见的细菌，到体型庞大的鲸；从极其原始的某些单细胞病毒，到进化程度最高的人类，都有着一个共同之处：他们都是“生物”，都是由氨基酸、核酸、多肽、生物碱等一些微小的有机分子构成的。这有点像儿童玩“搭积木”一样，一块块看似简简单单的积木，却能组合成千姿百态的形状。但是，这些有机分子——生命的“积木”，究竟又来自何方？

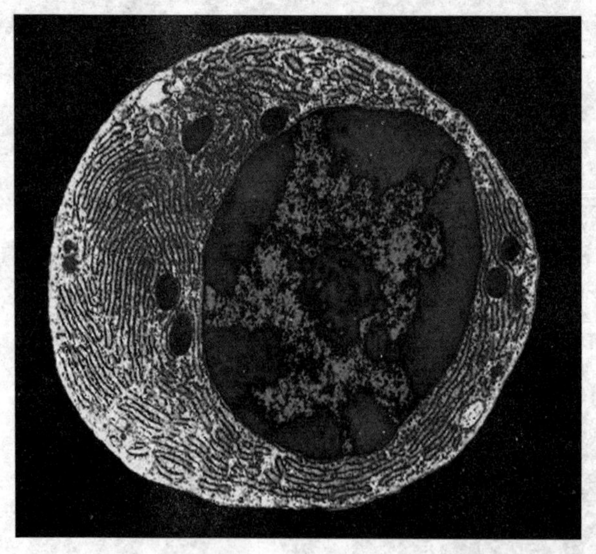

早在 19 世纪 70 年代，维克拉玛辛、霍伊尔等一些科学家，在遥远的恒星周围的尘粒中发现了据他们认为是生命痕迹的东西。由此，他们做出以下推断：

在一颗与太阳相仿的不知名的恒星的轨道中，运行着一颗微不足道的彗星。在它的体内，一个只有在显微镜下才能看到的外星生命的“种子”——孢子，正静静地躺着，安稳地休眠。不知过了多少年，恒星的引力突然发生了变化，导致这颗彗星从原来的轨道中跃了出来。在后来长达一亿多年的时间中，它一直在广漠、寂静而冰冷的宇宙空间里独自遨游。直到有一天，这颗彗星闯进了太阳系。先是几颗巨大的气体状行星从它身边呼啸

而过，然后，在它面前出现了一颗庞大的、夹杂着片片褐色的蓝色星球——地球。彗星与无数宇宙尘埃和陨星碎片一起，撞击在地球上，碎裂开来。在它体内休眠了几亿年的孢子，被抛进了地球表面温暖的海洋中。这颗珍贵的生命种子，在某些催化剂的作用下，通过一些化学反应和生物反应，形成地球上最原始的生命形式。这大约是在33亿年前，从此，地球的历史完全改写了，一个全新的、孕育着生命的世界就这样开始了。

然而从一开始，很多人就对这犹如天方夜谭般的假设提出了怀疑。地球上的生命为什么一定是茫茫宇宙中一个突然闯入的“不速之客”带来的？彗星体内的孢子生命力有那么强吗？难道地球本身不可能通过一系列化学变化和生物变化而孕育生命吗？尤其是在1953年以后，由于一个美国化学家的实验，维克拉玛辛和霍伊尔等人的假设，更被大多数科学家冷落在了一边。

那一年，美国圣迭戈大学一位年轻的化学家斯坦利·米勒，进行了一个有趣的实验。他先把甲烷、氢气、氨气和水蒸气等气体，按照“地球原始状态”时的组成比例，混合在一个玻璃瓶中。然后，他用电流模仿古老的、也是今天常见的气候现象——闪电，轰击这些气体。在一个星期后，米勒惊喜地发现，在玻璃瓶中出现了一种从未见过的橘黄色气体。通过测定，这一气体中含有大量氨基酸等有机物质。此后，德国科学家格罗茨和维森霍夫也进行大致类似的实验。他们先按照“地球原始状态”配置气体，然后通过对这些气体进行紫外线照射，也同样得到了氨基酸。

到20世纪60年代，科学家奥罗利用氰化氢等物质，成功地合成了核酸的重要组成成分之一——腺嘌呤。1963年，波南佩鲁马等科学家通过紫外线照射，得到了在生命体中用于传输能量的重要物质——ATP。这些实验证明：在一定的物质条件和能量条件下，即使没有生物酶的参与，从无机物转化为有机物、从简单的有机物转化为复杂的生命物质的进化过程，也完全有可能在地球上实现。于是，“地球生命自生说”在这些科学实验的支撑下，渐渐战胜了“地球生命天降说”。

在一些人看来，地球生命诞生的奥秘，似乎从此解开了。但是且慢，“地球生命自生说”实际上“得意”了没多久，就又遇上了新的挑战。原来，科学家们发现，在太阳系的九大行星中，木星、土星、天王星和海王星的大气成分以甲烷（CH_4）、氨气（NH_3）为主，而火星、金星等类地行星的大气成分，则是以二氧化碳（CO_2）为主的。马上有人提出：凭什么断定“原始状态”时的地球大气中，一定含有甲烷而不是二氧化碳呢？

另外，科学家们最近的研究还发现，某些微生物和病毒孢子的生命力之强，超出了人们的想象。如在20世纪80年代，荷兰天体物理学家彼得、韦伯和梅奥·格林伯格，把地球上的枯草芽孢杆菌放在低温中，用相当强的紫外线（2000A°～3000A°）和真空紫外线（1000A°～2000A°）来照射，实验结果令人大为吃惊：如此强烈的紫外线轰击，竟然没有杀死它们。由此他们推断，99.9%的孢子即使在裸露的情况下也可以在宇宙空间存活约2500年。更何况在星际空间中，孢子并不是完全裸露的，而是躲在陨石或宇宙尘埃的缝隙中，为自己披上了一件坚固的“装甲”。韦伯等人还认为，有些孢子能将周围的分子吸收到自己的表面，形成一道屏蔽宇宙辐射的保护层，这就能使它们的寿命达到450万～4500万年，甚至永不死亡。如果是这样的话，几十亿年的“星际旅行”又算得了什么呢？

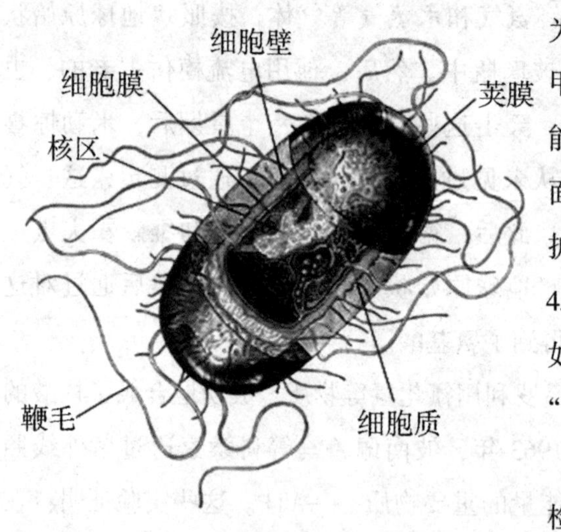

科学家霍利尔还别出心裁地检验了细菌的生命力。他动用足以置人于死地的强烈X线，照射一个“微不足道”的细菌。结果发现，虽然细菌的基因组织（即脱氧核糖核酸）的双螺旋结构上出现了10 000多个大大小小的裂痕（这表明细菌受到了巨大的损伤），但它依然能够进行顽强有效的“自救”，后来竟成功地活了下来。看来，无论是强烈的宇宙辐射，还是干燥冰冷的恶劣环境，都无法消灭这些生命的种子。

1967 年 4 月 20 日，美国的无人宇宙飞船“观察者 3 号”在月球表面进行探测时，不慎将一台电视录像机“忘”在了月球上。两年后，美国载人宇宙飞船阿波罗号光临月球，将这台电视录像机带回。科学家们马上对它进行“隔离检查”，检查中竟发现了活的链球菌类细菌。

1977 年，李森科等科学家将一个取样器投放在距地面 75 千米的高空中，收集大气层上部的空气样品。在采集的大气样品中，他们发现了 30 多个活的细菌。可能是为了抵抗高空强烈的紫外线辐射，这些细菌的颜色明显深于地球表面的细菌。科学家们推断，这表明它们并不是来自地球表面，而是来自宇宙空间。

1983 年 1 月，美国、英国、荷兰三国联合研制、发射的红外线天文卫星，已经在星际云层中发现了一种结构相对较为复杂的有机体——多环芳香碳氢化合物（HAP）。它是由数十个碳原子通过不同的排列次序组合而成的。既然连这些“硕大”而复杂的有机分子，都可以在条件异常恶劣的宇宙空间中大量存在，那就更不用说一些结构更原始、更简单的孢子了。

在领略了这些“简单生命体”生命力的强大后，人们不禁又想到了那个久已萦绕在心头的疑惑：地球上的生命究竟是地球本土的“特产”，还是“天外来客”的“后裔”呢？如今我们这个星球已经不缺乏生命，但是还像遥远的天文时代一样，几乎每年都有很不起眼的、浑浑噩噩的“天外来客”光临。这些陨星、彗星、流星或是小行星的碎片，不断地降落在高山、峡谷、丛林、海洋。也许它们身上到处都包含着已经沉睡了几千年甚至是几万年的、我们所看不见的生命的种子、生命的信息。

我们目前虽然无法彻底解开地球生命诞生的奥秘，但是因为有了这么多新的重要发现，寻求生命起源的历程也由此变得奇妙有趣了。因为我们知道，自己有可能是外星生命的后代；而地球上的一草一木、飞禽走兽，包括我们自己，都可能最终来自那些古怪、难看的陨石块。

生命起源的星星之火

人类与生命起源

十几亿年前，在各种自然外力的不断作用与影响下，生命悄无声息地来到了地球。也许生命早已存在与其他星球或者说生命的诞生本就随着宇宙的大爆炸应运而生。我们人类只有几十万年到一百多万年的历史，人类科技的飞速发展也不过是近几百年来的积累。相对于亘古的时间，也许人类还不够能力与资格来谈论“生命”这个神圣的现象。但是人类已经在地球上经过了百万年的进化，经历了百万年的风风雨雨。他是目前地球的主宰，是地球上智慧最高的生物。人类不像一般生命那样，盲目或者被动地去适应周围的生存环境。人类是肉体与精神胶合的一种生命现象。人类对生命的探索，起源与其神圣的地位以及对外部环境主动探索、适应、改造的天性。正如生命经过了十几亿年的演化与进化，人类也有足够的自信确保其自身不断演进，去发展自己的群体，在地球上建造一个宇宙中的乐园。

原始生命的起源

现代科学认为，在地球最初形成的时期，表面充满着原始大气层，后来这些原始大气发散到太空中去，但地球内部不断地释放出二氧化碳、一氧化碳、甲烷和氨等气体，地球表面和大气层中，火山和雷电等巨大能量不断释

放，这第二代大气又不断地变化，形成占大气99%的氧气和氮气，有了这个大气层，地球表面温度变化就可以保持在一个相对稳定的范围内，初步具备了形成生命的条件。地球诞生初期，形成生命的基本物质蛋白质和氨基酸等就已经存在了，这样蛋白质和氨基酸、氮和氧、铁、磷、硫等基本元素，经过漫长时间的相互作用，生命的基本形式出现了。

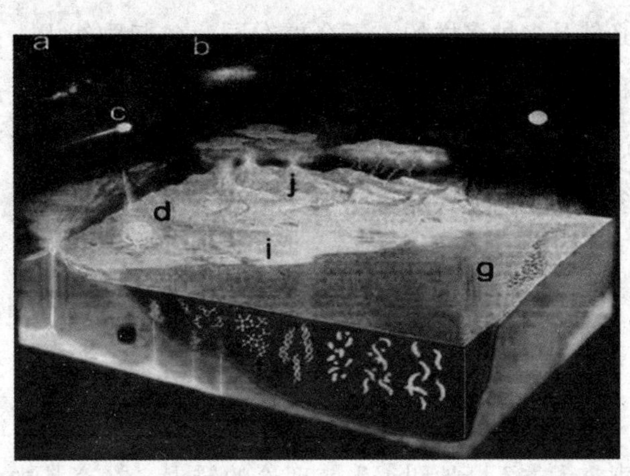

1928年，德国著名的有机化学家弗里得里希·维勒（1800—1887）人工合成了尿素，尿素虽然是一种有机化合物，但却是从无机物中制造出来的，彻底打破了传统上认为有机物和无机物之间不可跨越的界线。科学家们进一步研究发现，生命是由细胞组成的，构成细胞的几十种元素，在自然界中广泛存在。1952年，美国人斯坦利·米勒突发奇想，进行了一个大胆的试验，他在一个烧瓶里装入几种气体——甲烷、二氧化碳等地球原始气体，然后他用电火花轰击烧瓶，因为据说雷电是形成生命的最初能量来源，他静静地等待着，几天后，他的努力没有白费，有一种十分油腻的物质，黏附在烧瓶壁上，经过检验正是形成生命的初始物质——氨基酸。米勒由此获得博士学位，并一度成为国际上生物化学领域的领头人。

随着现代科学的发展，科学家们在陆地和空中发现了大量生命基因物质。1969年澳大利亚发现了著名的默契森陨石，它的表面布满了氨基酸。中国科学家们也发现了具有原始形态的多细胞生命物质，存在的时间至少可以追溯到20亿年前。美国国家太空总署的U2高空侦察机，在10 000米的高空，收取到了从大气平流层向下飘落的彗星尘埃，发现里面充满着有机物质，和漂浮着的生命分子，美国著名科学家卡尔·萨根（1934—1996）认为，生命的初始物质就是这样来到地球的。

这些生命科学的成果告诉我们，地球上最原始的生命，可能有两个来源，第一是从地球诞生开始，在地球表面和大气层中，就广泛地分布着大量的各种形式的生命基因物质；第二是来自外太空的生命基因物质，伴随着外太空陨石和风雨雷电，不断地降落到地球上。但不管是来自哪里，这些生命基因必然是多种多样的，不会处在同一条起跑线上，必然是有高级和低级、先进和落后的区别。在漫长的时间长河中，高级的生命基因不断向高级人类形式过渡，低级的生命基因在相对低级的范围内获得发展，形成今天地球上丰富多彩的生命形式。

生命起源与演化规律

以生物化石为依据，配合现代的科学技术方法，经过几百年的研究与探索，人类不断地纠正先前理论的错误，补充其中的不足。人类发现，生命的演化基本上遵从了从单细胞到多细胞，从水生到陆生，从低等到高等，从简单到复杂的一个自然过程。

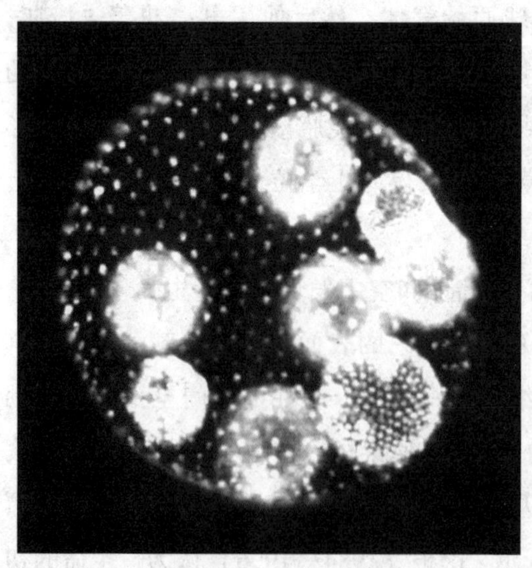

也就是说生命的演化大体上还是遵从了特定的自然规律。它以无机物为素材，以自然界中各种各样的自然现象为动力，经过时间的历练，不断地超越自我，完善自我功能，使生命本身的结构、功能不断地适应着周围生存环境的变化，从而开创地完成了自身立足地球，闪耀于宇宙的光辉使命。

生物的进化大体趋势始终遵循

着从简单到复杂，从低等到高等的，从单细胞到多细胞，从水生到陆生的过程，但是在生物的演化进程的某个片段，我们也会发现某些个例。它们的诞生本身就开创了一个进化奇迹，它们并不遵循生物进化的一般规律，似乎它们本身的诞生就是为宇宙中生命的多样性创造其他适合的更有效率的模式。还有一些生物，当突发的宇宙环境的变化对地球环境造成影响时，由于它们的进化里程没有足够的效率，或者没有足够的防危机能力，也消逝在地球生命长河中。

反观人类社会，生命的进化规律似乎又隐隐约约在证实人类社会的种种规律、种种法则、种种悲剧或者即将上演的喜剧。

生命的演变和进化

生命的形成和演化，实际上是宇宙空间的一定的局部区域（局域）中物质在适当的环境和条件下，经过一定的物质化学变化过程，产生、形成生命形态的物质并发生一系列的形态演变或演化过程，从而表现为生命的物种进化的物质演化过程或“特殊”形式的物质演化过程。

生命的演化过程包括两个阶段，一是物质由无生命的物质演化成有生命的物质的过程，二是有生命的物质继续演化，由低级生命形式向高级生命形式演化的过程，前者是生命的形成过程，也称为生命的化学演化过程，后者是生命的物种演化过程，是生物界的生物进化和种属、种群的发生、发展和替变过程。

生命演化的化学过程生命形态的物质是在一定的环境和自身因素条件下，由无生命的一般物质逐步发展、变化而来的，这个过程本身是一个长期的复

杂的化学变化过程，其过程的时间长度要以数以亿年计；生命形态的物质的活动方式的特征在于，它们一方面能够与外界进行物质交换，以进行自身的生命代谢活动，另一方面，它们能够进行自身的个体复制，产生结构、功能一致的子代个体，这是生命形态的物质活动方式的最基本特征，只有符合这个特征的物质才可以称为生命物质，生命物质的实际存在形式的最基本、最典型的结构是细胞，细胞可以称为最完整的生命形式的物质的体现；物质从无生命物质到有生命物质的演化，要经过以下几个过程，首先是简单的有机物小分子和无机物分子通过化学变化合成复杂的有机物小分子的过程，其次，是复杂的有机物小分子合成有机物大分子的过程，再次是有机物大分子结合成生命的最基本物质形式——细胞的过程，细胞的形成，意味着生命形态的物质最终形成了，接下来，则进入生命的物种演化过程，即生物本身的演化过程阶段。

（1）简单的有机物小分子和无机物分子合成复杂的有机物小分子的过程在生命形成以前的早期无氧环境中，自然界中的氨、水和甲烷、氰化氢等无机和有机物小分子物质，在一定能量——如闪电和紫外线的激发下，逐步合成氨基酸、脂肪酸、糖类等和其他一些复杂的有机化合物质，这些物质落入海洋中，进一步发生接触作用，在适当的条件下，就会向更复杂的有机物大分子转化。这个阶段，是生命物质形成的最初阶段，它是最基本的化学变化阶段，它的条件要求相对简单一些，只要在无氧、温度不过高或过低的条件下即可，这个阶段形成的物质，只有在适当的条件下，才能向生命形成的第二阶段的物质形式转化，从而形成更复杂的有机大分子。

（2）有机物小分子形成有机物大分子的过程。上述过程形成的有机物小

分子，会随着雨水落入海洋中，它们彼此在紧密接触的情况下，发生更复杂的化学作用和反应，形成更大的分子聚合体形式如肽链和糖聚体以及彼此之间形成的更多的、更复杂的化合物，如某些可以作为有机大分子之间反应的简单酶类，这些物质在海水中由于波浪的搅拌和施加能量，逐步向具有生物结构的生命物质形式过渡。

（3）复杂有机物大分子向细胞形式的生命物质过渡复杂的有机大分子在海水的推动下，经过适当强度和能量的搅拌，其中一些憎水性的物质会逐渐细化形成一些微小的液滴，这些微小的液滴中间可能包容一些其他的有机物大分子，例如肽链分子等，它们组成一个和外界隔离起来的物体，称为团聚体，团聚体是形成细胞过程的最初物质形式，它发展的较完善形式，能与外界交换物质，使自身物质更新甚至“生长”，甚至使自身“生长”，但不能进行主动的自我复制，其逐渐“长大”的个体，会随着波浪的搅拌而自行碎裂，分裂成两个或两个以上的个体，所以可看成是一种具有复杂活动的、包含生命形式的物质活动萌芽的有机物质的构合体，本身还不是真正的生命形式的物质，有关团聚体如何演变成细胞的过程，至今还没有搞清楚，可以想这个过程的化学变化过程是很复杂的，必须有更多的物质参与才行，中间也必须经过多步的逐步缓慢变化才能最终完成这个过程，首先，其中的肽链在环境合成的更多的物质的作用下，会进一步合成简单蛋白质，作为构造细胞的物质，其次，氨基酸会异构成核苷酸，它们再进一步合成简单的寡核苷酸，并在适当时候分化出脱氧核苷酸和合成寡脱氧核苷酸，逐步形成细胞内的初步代谢和主动复制过程，最后，寡核苷（脱氧核苷）酸进一步复杂起来，形成较大分子的多核苷（脱氧核苷）核酸甚至核（脱氧核）酸，与此同时，团聚体内功能结构也逐步完善起来，最后形成原始的原核细胞，生命就形成了。

从无生命物质转化为生命物质的中间形式，是原始的生物大分子，这是一种类似今天的病毒结构的半生命物质形式，和病毒不同的是，它们并不寄生在活的生物体内部，而是直接依靠周围的营养物质生活，这种原始的生物大分子的最初形式，可能是一种类似于阮病毒似的结构的物质形式，即通过只有蛋白质的物质形式组成它的分子结构，而没有核酸，以后则可能进一步分化出逆转录式的分子结构体，相当于反转录的病毒分子，即以核糖核酸为模板，以脱氧核糖核酸为信息和转运因子合成体蛋白，最后才分化出正转录式的分子结构体，这种分子结构体进一步完善起来，就形成了细胞，即生命的最完备形式的物质存在方式。这种转化过程中的一些原始的生物大分子，在细胞生物出现以后，加之其他一些新的环境因素的影响下，逐渐改变生活方式，变成寄生性的物种，演化为今天的各种病毒种类。

生物形态的演化，是指直接的物种形式的生命形式的演变或演化过程，分为两个阶段：早期生物演化阶段和以后的生物演化阶段，现分别介绍如下。

（1）早期生物演化阶段：早期生物演化阶段，是指细胞形成以后到动植物分化这一阶段的生物演化阶段，这一阶段中的生物均是以单细胞形式存在的，在这一阶段中，细胞以周围的现成有机物为食，这些有机物原本存在于海洋中，是生命形成过程中残留下来的物质，同时由大气中形成的新的有机物不断补充，细胞利用阳光的能量，将水分解成氢和氧，然后利用它们的化合释放出的化学能，用于体内生物合成和代谢（吸收和排泄）的能量，合成生物体内各种生命和生长代谢的物质，如蛋白质和核酸、脂肪等物质，供生物体生长和发育的物质需要，这种过程要进行到大气中的有机物来源耗尽为止，在这以后，生物体由于环境变化的原因，将发生进一步的形态分化，进一步分化为原始的植物和动物两个不同的基本生物形态或分支类型，向着不同的方面或方向演化，从而进入以后的生物演化阶段。

（2）生物演化的高级阶段从植物和动物的分化开始，生物界进入它的生物演化的高级阶段，这种阶段也称为生物演化的自组织阶段，其特点是食物

的供给不再只依赖于外部环境的提供，而是在利用外部环境的简单物质的同时，主要以生物界内部的循环式利用为主，以维持生物界的存在。

这种演化阶段可分为单细胞生物演化阶段和多细胞生物演化阶段两个部分，在单细胞生物演化阶段中，原核生物的植物种属分化为细菌和含有叶绿体的藻类，并且一部分原核植物演化为真核植物，使之出现了真菌和真核藻类。伴随着这种发展，一方面植物界内部先后出现了不同的寄生生物种，另一方面则出现了高级的单细胞种类，因此，植物界本身发生了一些新的分化。

典型的单细胞动物是原生动物，为真核生物，原核生物中的动菌属于一种亚动物，它有和一般动物的不同之处。典型的动物和植物界的寄生物种或动菌不同的地方在于，植物界的寄生物种身体是不能运动的，而且它们的寄生方式是侵入细胞内取食（细菌），或由细胞的外膜从具有营养的外部环境中进行渗透吸收（真菌），动菌虽然能够运动，但和不动菌的取食方式却是一样的，而动物则不仅身体能够运动，而且取食的方式是将整个食物由口吞下去，然后再进行消化吸收和排泄，所以两者是不同的。原核生物向真核生物的演变过程，目前科学上还没有搞清楚，关于真核细胞的形成过程，可能是不同种类的原核生物彼此之间接触共生，例如像链状的葡萄球菌那样，以后逐渐进化变异、合并为一体，演化为同一细胞的不同细胞器而形成的。

动植物分化和形成的后果，是由于植物的代谢，大气中的微溶于水中的二氧化碳被植物吸收，而游离氧被分离出来，因此，大气中二氧化碳逐渐减少，氧逐渐积累增多，与此同时，氮被死亡植物的代谢活动重新释放出来，逐渐形成现代的生物大气结构的大气物质组成形式，由于动物和植物界的寄生物种对氧和植物体有机物的消耗，以及微生物对死亡动植物体的分解利用，形成了生物界内部的物质循环过程和生物界、无机界之间的物质循环过程，生物界的物质运动，由早期的开放式的交换过程演变为现今的封闭式循环利用过程，奠定了今天的生物界的物质活动方式和基础。

多细胞生物的出现，则是生物界进一步发展过程的产物，这个过程历时很长时间，最初大约发生在五亿年以前，这是大气中游离氧积累到一定阶段

的产物或结果，其结果是，两类生物体由此获得了更多的制造能量的物质，从而使单细胞的生物体组织分化，向更复杂的生物体形式演变、融合更多的细胞共同生活成为可能，从而使原来的单细胞生物逐渐发生了进一步的身体变构，形成了新的多细胞的同体生长和各个不同细胞的组织功能分化从而产生生物体的不同的组织器官形成和分化的现象，从而使生物体在组织结构上大大分化发展起来，形成多细胞生物的生物体形式。有关生物体或生物物种的演化的具体过程和原因，我们前面已经说过了。

对于植物界大致从低等植物中的菌藻类开始，到高等植物中的苔藓植物、裸子植物和被子植物这一进化过程，演变为今天的植物种类和物种形式，不同的植物物种在一定的当地条件下，又发展为植物群落；而动物则大体是按照从单细胞的原生动物到多细胞的腔肠动物、线形动物、节肢动物等无脊椎动物形式进化为脊椎动物形式这一过程，逐渐进化为今天的各种动物种类和动物群落，并在这种进化过程中，由古猿这种生物中的一支，逐渐进化为人类，形成了高级的文明的生物进化的形式。

人类社会的进化

毛泽东在他的诗文中，把人类起源的复杂历程概括为一句话“人猿相揖别”，把人类在漫长的原始社会时期经历的旧石器时代、新石器时代和青铜器时代，高度地概括为“几千寒热”。

从现代考古学的发现中，我们知道人类诞生的过程极其艰辛，前后历时3000多万年时间。先是诞生了森林古猿，之后又诞生了拉玛古猿，此后南方古猿人类的祖先问世了。

400万年前人类诞生了，从此地球进入了人类阶段，地球经受着一次深刻

而有意义的变化。

人类的诞生是在其他物种的基础上诞生的，是生物进化技术积累的再创新。人类的诞生也是遵守着生物进化的一般法则。而人类社会的发展却具有其与生俱来的天赋。

人类是一种特殊的生命现象。它具有良好的适应能力起因与其具有的智慧。它的智慧是其他物种无可匹敌的。利用其高度的智慧，人类不断的认识自然界，改造自然界，从而创造了一个优良的生存环境，确保了人类生命的延续。人类在此基础上种群规模逐步扩大，人类社会逐步诞生。

从马克思对人类社会的解释与探索中，我们得知。人类社会的发展里程经历了原始社会、奴隶社会、封建社会、资本主义社会、社会主义社会、并讲逐步过渡到共产主义社会。当然在现阶段，资本主义社会与社会主义社会共存现实是显然的。

人类社会的高度发展，起因于300多年的工业改变。这300多年中人类认识自然的能力飞速发展，从而也增大了人类影响自然的能力和改造自然的野心。

生命进化的规律告诉了我们人类社会一些基本知识。事物的发展是一个阶段性的突破过程，它必将经历一个漫长而艰难的改变过程，而不可能凭空而出。它为整个社会建立了一个基本格调。难怪亚当·斯密在其《国富论》篇首就一再强调“劳动是创造财富的源泉”。他其实是在强调一种基本精神，财富的创造过程或者说人类社会的发展本身就是一个艰辛的发展过程。它需要一代一代人艰苦的劳动积累，而不是所谓的投机。

在不断强调社会发展劳动积累重要性的同时，我们还不能忽视一个简单的事实。人类也不过是自然界成千上万物种中的一员。虽然现阶段它是地球的统治者，但是它也面临着潜在的威胁、危机与挑战。

恩格斯曾经这样说过：我们不要过分陶醉于我们人类对自然界的胜利。对于每一次这样的胜利，自然界都对我们进行报复。每一次胜利，在第一线都确实取得了我们预期的结果，但是在第二线和第三线却有了完全不同的、出乎意料的影响，它常常把第一个结果重新消除。美索不达米亚、希腊小亚细亚以及别的地方的居民，为了得到耕地，毁灭了森林，他们想不到这些地方今天竟因此成为荒芜不毛之地，因为他们在这些地方剥夺了森林，也就剥夺了水分积聚中心和贮存器。

他其实也在告诉人类：人类也是生命物种，他也有威胁，也会面临自然界的挑战，它也可能会因为哪天不适应自然界而断然退出地球生命舞台。

的确，人类认识自然的能力与改造自然的能力达到了前所未有的高度，人类不断地运用自己的指挥去认识地球，改造地球，并把自己的视角逐步伸向宇宙空间。人类凭借其精神动力与生命使命感不断地企图对这个世界作出自己认同的解释。但是，同时，人类却又因为过多重视社会经济的快速发展，而忽略了可能的对自然界认识能力的不足而带来的盲目行为和潜在的深刻影响。

人类具有天生的冒险精神，会大胆尝试和实践自己的想法，也或者说人类欲望的高度促使它不断去追求社会发展的效率与高度。人类还是忽略了一个简单的事实：正如物种的起源，人类社会是需要建立的时间积累的深厚基础之上，任何盲目和无知的行为都是会造成潜在的影响和威胁的。人类应把握好这个简单的物种进化规律而运用到社会发展中去，而不应该盲目追求社会物质经济的迅速发展或者盲目进行科学探索，而忽视循序渐进的基本常识。

生命进化是一个时间积累与突发改变的一个阶段性演进过程。而社会发

展也理应是一个劳动积累与科学技术进步的一个徐徐进行的时间过程。

新的人类起源——海猿说

古人类学家告诉我们，人类的远祖——古猿，生活在800万到1400万年前；人类的近祖——南猿和猿人，生活在20万到400万年前。那么，400万到800万年前这一段长达400万年的时间里，我们的祖先是什么模样，又生活在哪里呢？由于这400万年间的化石资料极少，所以古人类研究中出现了一段“化石空白的年代”。

1960年，英国人类学家利斯特·哈代提出一种假设：在这一段时间里，我们人类的祖先是生活在大海中的海猿。正是在大海中，他们完成了两足直立、控制呼吸的进化过程，为以后的直立行走、解放双手、发展语言交流等重大进化步骤创造了条件。这400万年的海中生活，给人类留下了许多“痕迹”。例如，所有的灵长类动物体表都长着浓密的毛发，唯独人类和水兽一样，皮肤是裸露的；灵长类动物都没有皮下脂肪，而人类却有水兽那样厚厚的皮下脂肪；人类胎儿的胎毛生长位置也与水兽接近，却明显地不同于灵长类动物；人类的泪腺分泌泪液、排出盐分的现象，也是水兽的特征，在灵长类动物中是绝无仅有的。

通过研究还发现，在对自身食盐需要量方面，其他哺乳动物有着精确的感觉，而人类却和水兽一样没有感觉。此外，在潜水本领上，猿人已经具备了屏息潜水的能力，而其他灵长类动物却没有。这些现象有力地支持了海猿的假说。

1974年，在非洲的埃塞俄比亚，发现了一具300万年前的南猿化石。对这具化石的骨骼结构的分析表明，我们人类的祖先有着在海中生活过的经历。

虽然关于海猿的假说还没有得到最后证实，并且被认为是“异想天开”，但是，也许有一天，人们将从地层中找到海猿的化石，并在人类进化史上写下：人类起源于大海。

化石——见证生命演变的镜子

概说化石

化石存留在岩石中的动物或植物遗骸。通常如肌肉或表皮等柔软部分在保存前就已腐蚀殆尽，而只留下抵抗性较大的部分，如骨头或外壳。它们接着就被周遭沉积物的矿物质所渗入取代。许多化石也被覆盖其上的岩石重量压平。

化石，经过自然界的作用，保存于地层中的古生物遗体和他们的生活遗迹。

简单地说，化石就是生活在遥远的过去的生物的遗体或遗迹变成的石头。在漫长的地质年代里，地球上曾经生活过无数的生物，这些生物死亡后的遗体或是生活时遗留下来的痕迹，许多都被当时的泥沙掩埋起来。在随后的岁月中，这些生物遗体中的有机物质分解殆尽，坚硬的部分如外壳、骨骼、枝叶等与包围在周围的沉积物一起经过石化变成了石头，但是它们原来

的形态、结构（甚至一些细微的内部构造）依然保留着；同样，那些生物生活时留下的痕迹也可以这样保留下来。我们把这些石化的生物遗体、遗迹就称为化石。从化石中可以看到古代动物、植物的样子，从而可以推断出古代动物、植物的生活情况和生活环境，可以推断出埋藏化石的地层形成的年代和经历的变化，可以看到生物从古到今的变化等。

在有文字记载的人类历史的早期，某些希腊学者曾被在沙漠中及山区有鱼及海生贝壳的存在感到迷惑。公元前450年希罗多德注意到埃及沙漠，并正确地认为地中海曾淹没过那一地区。

公元前400年亚里士多德就证明化石是由有机物形成的，但是他认为化石之所以被嵌埋在岩石中是由于地球内部的神秘的塑性力作用的结果。他的一个学生狄奥佛拉斯塔（约公元前350年）也提出了化石代表某些生命形式，但是他认为化石是由埋植在岩石中的种子和卵发展而成的。斯特拉波（约公元前63年到公元20年）注意到海生化石在海平面之上的存在，正确地推断出，含有该类化石的岩石曾受到很大的抬升。

在中世纪的黑暗时代，人们对化石有各种各样的解释，人们或者解释为自然界的奇特现象，或者解释为是魔鬼的特别创造和设计以便来迷惑人。这些迷信以及宗教权威们的反对，妨碍了化石研究达数百年。大约在15世纪初，化石的真正起源被普遍接受了。人们懂得了化石是史前生物的残体，但仍然认为是基督教圣经上所记载的大洪水的遗迹。科学家与神学家的争论大约持续了300年。

文艺复兴时期，几个早期自然科学家，著名的达·芬奇论及到化石的问题。他坚决主张，洪水不能对所有化石负责，也无法解释化石出现在高山上。

他们肯定地相信，化石是古代生物无可置疑的证据，并认为海洋曾覆盖过意大利。他认为，古代动物的遗体被深埋在海底，在后来的某个时候，海底隆起高出海面，形成了意大利半岛。在18世纪末和19世纪初，为化石的研究打下了牢固的基础，并形成一门科学。从那时起，化石对于地质学家越来越重要了。化石主要发现于海相沉积岩中，当海水中沉积物如石灰质软泥、沙、贝壳层被压紧并胶结成岩时，就形成了海相沉积岩。只有极罕见的化石出现在火山岩和变质岩中。火山岩原来是熔融状态，它的里面是没有生命的。变质岩是经历了非常大的变化而形成的，使得原始的岩石中的化石一般都化为乌有。然而，即使在沉积岩中，所保留下来的记录也只是史前动植物的很小一部分。如果考虑到形成化石这一过程所需要的苛刻条件，也就不难理解为什么沉积岩中所保留下来的也只是史前动植物的很小一部分。

形成条件

虽然一个生物是否能形成化石取决于许多因素，但是有三个因素是基本的：

（1）有机物必须拥有坚硬部分，如壳、骨、牙或木质组织。然而，在非常有利的条件下，即使是非常脆弱的生物，如昆虫或水母也能够变成化石。

（2）生物在死后必须立即避免被毁灭。如果一个生物的身体部分被压碎、腐烂或严重风化，这就可能改变或取消该种生物变成化石的可能性。

（3）生物必须被某种能阻碍分解的物质迅速地埋藏起来。而这种掩埋物质的类型通常取决于生物生存的环境。海生动物的遗体通常都能变成化石，这是因为海生动物死亡后沉在海底，被软泥覆盖。软泥在后来的地质时代中则变成页岩或石灰岩。较细粒的沉积物不易损坏生物的遗体。在德国的侏罗纪的某些细粒沉积岩中，很好地保存了诸如鸟、昆虫、水母这样一些脆弱的生物的化石。

演变过程

人们已知道，由附近火山落下的火山灰曾覆盖过整片森林，在森林化石中有时还可见到依然站立的树，以很好的姿态被保存下来。流沙和焦油沥青通常也能迅速把动物掩埋起来。焦油沥青的行为好像一个捕获野兽的陷阱，又像防腐剂能阻止动物坚硬部分的分解。洛杉矶的兰乔·拉·布雷沥青湖由于在其中发现许多骨化石而闻名了，在其中发现的骨化石包括长着锐利牙齿的野猪、巨大的陆地树懒以及其他已经灭绝的动物。在冰期生存的某些动物的遗体被冻结在冰或冻土之中。显然，被冰冻的动物有的可以保存下来。

虽然地球上曾有众多的人并不知道的生物生存过，而只有少数生物留下了化石。然而，使生物变成化石的条件即使都满足了，仍然还有其他原因使得某些化石从未被人们发现过。例如，很多化石由于地面剥蚀而被破坏掉，或它的坚硬部分被地下水分解了。还有一些化石可能被保存在岩石中，但由于岩石经历了强烈的物理变化，如褶皱、断裂或熔化，这种变化可以使含化石的海相石灰岩变为大理岩，而原先存在于石灰岩中的生物的任何痕迹会完全或几乎完全消失。还有很多化石则存在于无法获得来进行研究的沉积岩层中，也还有很多出露于地表的含化石的岩石分布在世界上的某些地方，却没有进行地质学研究。另外一个很普遍的问题是，可能由于生物的残体变成碎片或保存得很差，而不能充分显示出该生物的情况。

再者，当我们向过去回溯的时间越古老，化石记录缺失的时间间隔越长。

岩石越老，受到破坏性力量的机会就越多，化石也就越加不可辨认。而且由于较古老的生物和今天的生物不同，因而对它们进行分类就很困难，这一情况使问题进一步复杂化了。然而，尽管如此，大量保存下来的生物化石仍为我们认识过去提供很好的记录。

动物和植物变成化石可以通过很多不同途径，但究竟通过哪种途径，通常取决于：

（1）生物的本来构成。

（2）它所生存的地方。

（3）生物死后，影响生物遗体的力。

大多数古生物学家认为生物残体的保存有4种形式，每一种形式取决于生物遗体的构成或者生物遗体所经历的变化。

生物的本来的柔软部分只有当它被埋在能够阻止其柔软部分分解的介质中时，才能得以保存。这种介质有冻土或冰，饱含油的土壤和琥珀。当生物在非常干燥的条件下变成木乃伊，也能保存它的身体上本来的柔软部分。这种情况一般只发生于干旱地区或沙漠地区，并且在遗体不被野兽吃掉的情况下。

大概动物柔软部分的化石得以保存的最著名的例子是在阿拉斯加和西伯利亚。在这两个地区的冻原上发现的大量的冻结的多毛的猛犸遗体——一种绝灭的象。这些巨兽有的已被埋藏达25 000年。当冻土融解，猛犸的遗体就暴露出来。也有些尸体保存得很不好，当它们暴露出来时，其肉被狗吃了，其长牙被象牙商倒卖。猛犸象的毛皮现在在很多博物馆展览，有的把猛犸象的肉体或肌肉放在乙醇中保存。

生物身体的柔软部分在波兰的饱含油的土壤中也发现过，在这里有保存很好的一种绝灭的犀牛的鼻角、前腿和部分皮。在新墨西哥州和亚利桑那州的洞穴中和火山口里发现了地树懒的天然形成的木乃伊。这里的极端干燥的沙漠气候能够使动物的软组织在腐烂之前就全部脱水，并能保存部分的皮、毛、腱、爪等。

生物变成化石的更有趣和不寻常的一种方式就是在琥珀中保存。古代的昆虫可被某些针叶树分泌出的黏树胶所捕获。当松脂硬结后并进一步变成琥珀，昆虫便留在其中。有些昆虫和蜘蛛被保存得非常好，甚至能在显微镜下研究它的细毛和肌肉组织。

虽然生物体的软组织的保存形成了一些有趣的和令人叹为观止的化石，但这种方式形成的化石是相对罕见的。古生物学家更多的是研究保存在岩石中的化石。

生物体上的硬组织也能被保存下来。差不多所有的植物和动物都拥有一些硬部分，例如蛤、蚝或蜗牛；脊椎动物的牙和骨头；蟹的外壳和能够变成化石的植物的木质组织。生物体的坚硬部分由于是以能抵抗风化作用和化学作用的物质构成的，所以这类化石分布的较普遍。无脊椎动物例如蛤、蜗牛和珊瑚等的壳是由方解石（碳酸钙）组成的，其中很多没有或几乎没有发生物理变化而被保存下来。脊椎动物的骨头和牙以及许多无脊椎动物的外甲含有磷酸钙，因为这种化合物抵抗风化作用的能力非常强，所以许多由磷酸盐组成的物质也能保存下来，如曾发现一枚保存极好的鱼牙。由硅质（二氧化硅）组成的骨骼也具有这种性质。微体古生物化石的硅质部分和某些海绵通过硅化而变成化石。

另一些有机物具有几丁质（一种类似于指甲的物质）的外甲，节足动物和其他有机物的几丁质外甲可以成为化石，由于它的化学成分和埋葬的方式，使这种物质以碳的薄膜的形式而保存下来。碳化作用（或蒸馏作用）是生物埋葬之后在缓慢腐烂的过程中发生的，在分解过程中，有机物逐渐失去所含有的气体和液体成分，仅留下碳质薄膜。这种碳化作用和煤的形成过程相同。在许多煤层中可以看到大量的碳化植物化石。

在许多地方，植物、鱼和无脊椎动物就是以这种方式保存下它们的化石。

有些碳的薄膜精确地记录了这些生物的最精细的结构。

化石还可以通过矿化作用和石化作用而保存下来。当含矿化的地下水把矿物沉淀于生物体的坚硬部分所在的空间时，使得生物的坚硬部分变得更坚硬、抵抗风化作用的能力更强。较普通的矿物有方解石、二氧化硅和各种铁的化合物。所谓置换作用或矿化作用是生物体的坚硬部分被地下水溶解，与此同时其他物质在所空出来的位置上沉淀下来的过程。有些置换形成的化石的原始结构被置换的矿物所破坏。

不仅动植物的遗体能形成化石，而且表明它们曾经存在过的证据或踪迹也都能形成化石。痕迹化石能提供有关该生物特点的相当多的情况。很多壳、骨、叶以及生物的其他部分，都能以阳模和阴模的形式保存下来。如果一个贝壳在沉积物硬化成岩之前就被压入海底，它的外表特征就会留下压印（阴模）。如果阴模后来又被另外一种物质充填，就形成阳模。阳模能显示出贝壳本来的外部特征。外部阴模显示的是生物体硬部分的外部特征，内部阴模显示的是生物体坚硬部分的内部特征。

一些动物以痕、印、足迹、孔、穴的形式留下了它们曾经存在的证据。

其中如足迹，不仅能表明动物的类型，而且提供了有关环境的资料。恐龙的足迹化石不仅揭示了它的足的大小和形状，还提供了有关它的长度和重量的线索，留有足迹的岩石还能帮助确定恐龙生存的环境条件。世界上最著名的恐龙足迹化石发现于得克萨斯州索美维尔县罗斯镇附近的帕卢西河床中的晚白垩纪石灰岩中，年代大约在1.1亿年前。留有恐龙足迹的大的石灰岩板被运到全世界的博物馆中，成为这种巨大爬行动物的亚证据。无脊椎动物也能留下踪痕。在许多砂岩和石灰岩沉积层的表面可以看到它们的踪迹。无脊椎动物的踪痕既有简单的踪迹，也有蟹及其他爬虫的洞穴。

这些踪痕提供了有关这些生物的活动方式和生活环境的证据。洞穴是动物为着藏身觅食而在地上、木头上、石头上以及其他能打洞的物质上打出的管状或圆洞状的孔穴，后来若被细物质充填，就可能得以保存下来。打出该洞穴的动物的遗体偶尔也能在充满洞中的沉积物中找到。在松软的海底，蠕虫、节肢动物、软体动物以及其他动物都可留在洞穴里。某些软体动物，如凿船虫——一种钻木的蛤、石蜊——一种钻石的蛤，它们的洞穴化石和钻孔化石也常常能被发现。在人们所知的最古老的化石之中，有管状构造，据认为这种管状构造是蠕虫的洞穴。在许多最古老的砂岩中，就有这种管状构造。

钻孔是某些动物为了觅食、附着和藏身而打的洞。钻孔经常出现在化石的贝壳、木头和其他生物体的化石之上。钻孔也是一种化石。像钻孔蜗牛这种食内动物就能穿过其他动物的壳来钻孔以吃食其软体部分。许多古代软体动物的壳上可见到像是钻孔蜗牛打的整齐的洞。

化石对于追溯动植物的发展演化是有用的，因为在较老的岩石中的化石通常是原始的和较简单的，而在年代较新的岩石中的类似种属的化石就要复杂和高级。

某些化石作为环境的指示物是很有价值的。例如造礁珊瑚似乎总是生活在与今天相似的条件下。因此，如果地质学家找到了珊瑚礁化石——珊瑚最初被埋藏的地方，就可以有理由地认为，这些含有珊瑚的岩石形成于温暖的相当浅的海中。这就使得勾画出史前时期海的位置及范围成为可能。珊瑚礁化石的存在还可指示出古代水体的深度、温度、底部条件和含盐度。

化石的一个更重要的用途是用来进行对比——确定若干岩层间彼此相互关系的密切的程度。通过对比或比较各岩层所含的特征化石，地质学家可以确定一个特定区域的某种地质建造的分布。有的化石在地质历史上生存的时间相当短，然而在地理分布上却相当广泛。这种化石被称为指示化石。由于这种化石通常只是和某一特定时代的岩石共生，所以在对比中特别有用。

微体生物的化石对于石油地质工作者作为指示化石特别有用。微体古生物学家（研究微体古生物的学者）通过对从钻孔中取得的岩心进行冲洗、将微小的化石分离出来，然后在显微镜下进行研究。通过对这些细小的古生物遗体的研究所获得的资料对于判断地下岩层的年代和储油的可能性是非常有价值的。微体古生物化石对于世界油田之重要可从某些储油地层用某些关键的有孔虫的属来命名这一点见其一斑。其他微体古生物化石，如介形虫、孢子和花粉，也被用来确定世界其他许多地区的地下岩层。

虽然植物化石对于指示气候十分有用，但用于地层对比就不很可靠。植物化石提供了许多有关整个地质时代的植物演化的资料。

第二章

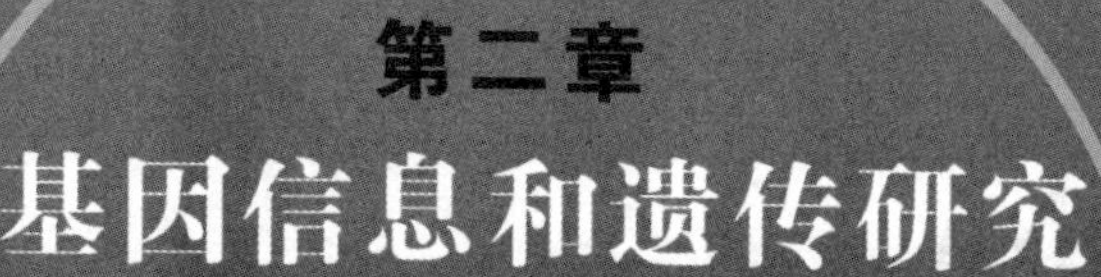

基因信息和遗传研究

地球万物之所以会生生不息，是因为地球上的生命在不断地延续；而在生命延续的过程中起到重要作用的，是记载着生命遗传信息的基因——DNA。研究生物基因的构成和遗传理论，对探究生命、追溯地球生命的起源起到重要作用。

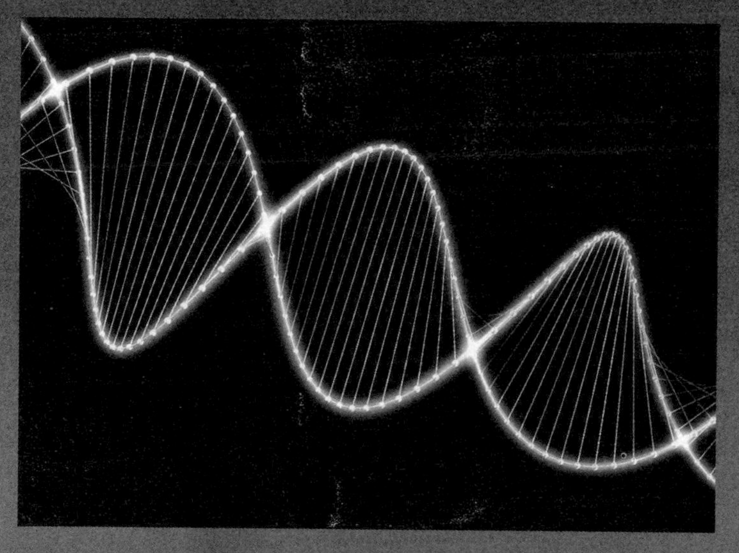

了解 DNA

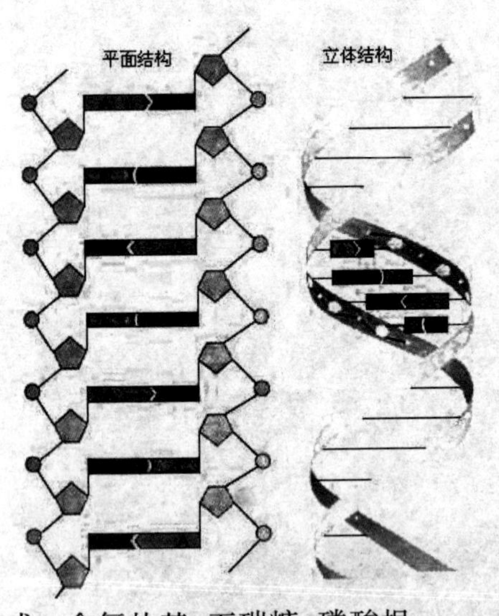

脱氧核糖核酸（DNA，为英文 Deoxyribonucleicacid 的缩写），又称去氧核糖核酸，是染色体的主要化学成分，同时也是组成基因的材料。有时被称为“遗传微粒”，因为在繁殖过程中，父代把它们自己 DNA 的一部分复制传递到子代中，从而完成性状的传播。

（1）DNA 是由核酸的单体聚合而成的聚合体。

（2）每一种核酸由 3 个部分所组成：含氮盐基+五碳糖+磷酸根。

（3）核酸的含氮盐基又可分为 4 类：鸟粪嘌呤（G）、胸腺嘧啶（T）、腺嘌呤（A）、胞嘧啶（C）

（4）DNA 的 4 种含氮盐基组成具有物种特异性。即 4 种含氮盐基的比例在同物种不同个体间是一致的，但在不同物种间则有差异。

（5）DNA 的 4 种含氮沿基比例具有奇特的规律性，每一种生物体 DNA 中 A≈TC≈G 加卡夫法则。

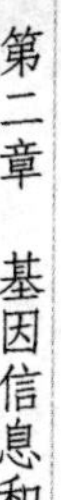

生命的遗传奥秘

生命的遗传奥秘藏在DNA和RNA中。

现在人们都知道DNA和RNA是遗传物质，但是什么叫DNA呢？其实DNA和RNA是一种叫核酸的东西，因为它藏在细胞核内，又具有酸性，所以在它刚被发现的时候就被称为核酸。

核酸是一个叫米歇尔的瑞士青年化学家发现的，那还是1869年的事，到了1909年，一位美国生物化学家又发现核酸中的碳水化合物有两种核糖分子，因此核酸也有两种，一种叫脱氧核糖酸，英文缩写就是DNA；另一种是核糖核酸，英文缩写是RNA。DNA一般只在细胞核中，而RNA除了在细胞核中外，还分布在细胞质中。

DNA和RNA与生物遗传基因

细菌学家艾弗里通过研究肺炎球菌转化时，偶然发现了DNA，就是那个被很多人找了很久的基因物质。在DNA上带着生命的遗传秘密的基因物质，这样，对于到底什么是决定生命遗传现象的探索，终于到了揭开秘密的时候了，这时已是20世纪40年代。组成DNA的4种核苷酸的排列组合顺序大有奥秘。

解开DNA的秘密

当发现基因就是DNA后，人们还是想知道，这个DNA是怎么样的一种东西，它又是通过什么具体的办法把生命的那么多信息传递给新的接班人的呢？

首先人们想知道DNA是由什么组成的，人类总是爱这样刨根问底。结果有一个叫莱文的科学家通过研究，发现DNA是由4种更小的东西组成，这4种东西的总名字叫核苷酸，就像4个兄弟一样，它们都姓核苷酸，但名字却有所不同。分别是腺嘌呤（A）、鸟嘌呤（G）、胞嘧啶（C）和胸腺嘧啶（T），这4种名字很难记，不过只要记住DNA是由4种核苷酸只是随便聚在一起的、它们相互的连接没有什么规律，而且它们相互组合的方式也千变万化，大有奥秘。

生物遗传与变异

世界上现存的生物种类繁多，大至几十吨的巨鲸，小至仅有二三百个核苷酸的类病毒，都有一种不同于非生物的特点——繁殖。物生其类，传宗接代。这种一个物种只产生同一物种的后代，这些后代又都继承着上一代的各种基本特征的现象，就是遗传。正是因为遗传现象的存在，人类才能保持形态、生理和生化等特征的相对稳定。但是繁殖的结果还有一种可能，即各种生物所生的后代又不完全像，亲代、子代各个体间也不完全一样，这种亲子代间的差异称为变异。

遗传使物种保持相对稳定；变异则使物种的进化成为可能，其实质是在环境因素的作用下，机体在各种形态、生理等各方面获得了某些不是来自于亲代的一些新的特征。如果没有遗传现象，世界上的各个物种就不可能一代一代地连续下去；同样，若没有变异现象的存在，地球上的生命只能永远停留在最原始的类型，也不可能构成形形色色的生物界，更不可能有人类进化的历史。所以说遗传与变异的矛盾是生物发展和变化的主要矛盾，在生物进化过程中起决定作用。对于稳定品种的有机体，遗传是矛盾的主要方面，变异是次要方面，这样才可保持其特性一定的稳定和相对不变。但有时由于某种原因，变异会成为主要矛盾，遗传成为次要的，这时有机体的某些特征和特性就会发生改变，从而引起了生物的变化和发展。

遗传的物质基础

在揭示了遗传分子基础的今天，遗传与变异的研究已进入了对遗传的物质基础及遗传物质的复制、重组、变异、遗传信息的传递和表达等各个方面。

几乎所有生物遗传的物质基础都是脱氧核糖核酸（DNA），只有一小部分病毒是以核糖核酸（RNA）作为遗传物质的。

1. 遗传的染色体（chromosome）基础

人类从双亲处继承的全部遗传物质是存在于卵子和精子这 2 个细胞的细胞核内。在细胞有丝分裂中期，染色体的形态最为恒定，分化最清晰，便于观察和比较，因而是研究中通用的染色体分析对象。

（1）常染色体与性染色体由核酸和蛋白质构成，具有储存和传递遗传信息。控制分化和发育的作用。正常人体细胞中共有 46 条染色体，构成 23 对。每一对染色体由 2 条形态功能相同，分别来源于父方和母方的染色体构成。这对染色体称为同源染色体（homologous chromosome）。每一条染色体都是由 2 条染色单位连于一个着丝粒所构成。着丝粒可将染色体分成 2 个臂，较长的为长臂（q），较短的称为短臂（p）。在 23 对染色体中，1 ~ 22 号染色体为男女所共有，称为常染色体；另 2 条为性染色体，X 和 Y。男性为46，XY；女性为46，XX。人的性别是在受精时由精子和卵子中所含的性染色体所决定的。

（2）核型（karyotype）与染色体显带。

1）核型：由体细胞中全套染色体按形态特征和大小顺序排列构成，并依次配对、分组，构成该个体的核型或染色体细型。

染色体核型的表达，应将染色体总数，性染色体组成以及异常染色体情况一一加以描述。

一般正常核型的表达如下：

46，XX——即表示染色体总数为46条，性染色体为XX，是正常女性核型。

异常染色外该型表达分为结构异常和数目异常，分别表达如下：

47，XY，+21——这是“21三体综合征”（又称先天愚型）患儿的核型表达。说明该个体为男性，细胞含47条染色体，第21号染色体多了一条。属于常染色体数目异常。

46，XY，5P——表示该男性患儿第5号染色体短臂缺失，即临床上所谓的“猫叫综合征”。属于染色体的结构异常。

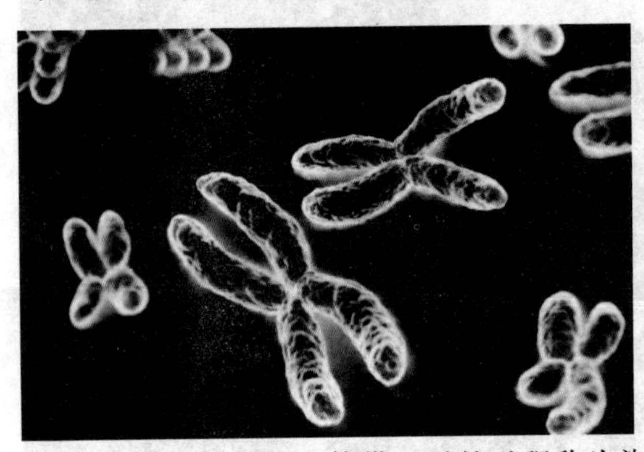

2）染色体的显带：当染色体经一定程序处理并用特定的染料染色后，在显微镜下可显示出深浅不同的条纹，或在荧光显微镜下看到不同强度的荧光节段，这就是染色体带。不同的染色体具有不同形态的带，称为“带型”，将染色体带显示的过程称为染色体显带。在一个人类中期细胞的染色体组上约可看到320条带。至20世纪70年代中期，自染色体高分辨显带技术问世后，研究者可以在细胞的前中期染色体上显示出1256条带；在早前期染色体上可显示出3000～10 000条带。从而使染色体的研究进入分子生物学水平。因为显带技术不仅解决了染色体的识别问题，还为深入研究染色体的异常初人类基因定位创造了条件。

2. 遗传的分子基础

染色体中的化学组成主要是DNA和组蛋白。携带遗传信息的主要是DNA

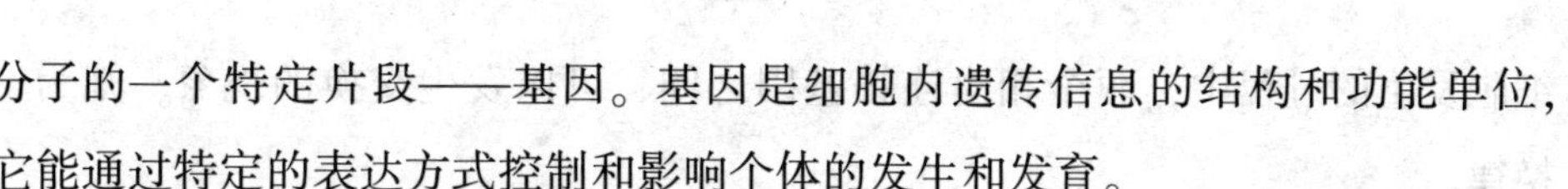

分子的一个特定片段——基因。基因是细胞内遗传信息的结构和功能单位，它能通过特定的表达方式控制和影响个体的发生和发育。

人体细胞内的DNA是由两条多核苷酸链结合而成的一条双螺旋分子结构，每个基因都是DNA多核苷酸链上的一个特定的区段。基因的复制是以DNA复制为基础。在细胞周期中，DNA双螺旋中的两条互补链间的氢键断裂，双螺旋解旋，然后在特异性酶的作用下，以每股链的碱基顺序为模板，吸收周围游离核苷酸，按碱基互补原则，合成新的互补链。当新旧两股链结合后就形成了与原来碱基顺序完全相同的两条DNA双螺旋，并具备完全相同的遗传信息，从而保证了亲子代间遗传的连续性。

由此可见，DNA分子中的碱基对的排列顺序蕴藏着与生命活动密切相关的各种蛋白质的氨基酸排列顺序的遗传信息。基因的基本功能一方面是通过半保留复制，将母细胞的遗传信息传递给子细胞，以保证个体的生长发育，并在繁衍的过程中保持遗传性状的相对稳定。另一方面是经过翻译、转录而控制蛋白质的合成，构成各种细胞、组织，形成各种酶，催化生命活动中的各种生化反应，从而影响了遗传性状的形成，使遗传信息得以表达。一旦DNA分子结构发生改变，它所控制的蛋白质中氨基酸顺序也发生了改变，这就是突变，也是异常性状和遗传病的由来。

3. 遗传的基本规律

（1）分离律。当生物形成生殖细胞时，成对的等位基因彼此分离，分别进入不同的生殖细胞的规律。

（2）自由组合律。在生殖细胞形成过程中，不同的非等位基因，可以相互独立的分离，有均等的机会组合到7个生殖细胞的规律性活动。

（3）连锁律与交换律。如果决定两种性状的基因位于同源染色体上时，那么在生殖细胞的减数分裂时，位于同一条染色体上的决定两种性状的基因，将连在一起随着这条染色体进入一个生殖细胞中。因此，它们不能自由组合，而是连锁在一起传递，这就叫做连锁。在同一条染色体上的所有基因一起构成连锁群，并作为一个单位进行传递的规律，即称为连锁律。此外，在生殖细胞发生的过程中，两个相对连锁基因之间，可以发生交换的现象，则为交换律。

变 异

遗传物质的稳定只是相对的，在一定的条件下会发生变异。遗传和变异是生命的特征。从生物进化的角度来看，变异是生物从低级发展到高级的条件，也是进化的基础。遗传与变异在一定条件下相互转化，即遗传性的改变表现为变异性、变异性的稳定和传代就是遗传性。

遗传物质的变化和由其所引起的表型的改变，称为突变（mutation）。

1. 基因突变

基因突变是指基因的核苷酸顺序或数目发生了改变。若仅为DNA分子中单个碱基的改变称为点突变（point mutation）。基因突变可发生在个体发育的任何阶段，且可发生于体细胞与生殖细胞的任何分期。但由于生殖细胞对外界环境的敏感性较高，所以发生突变的概率也高，一旦发生可遗传给后代。如果突变是发生在衣体细胞中，一般不能直接遗传给下一代，但可引起突变个体某些体细胞发生遗传结构的改变，而成为某些病理变化的基础。

（1）基因突变的机制。基因突变的分子基础是DNA分子的改变引起蛋白质氨基酸的变化，从而使个体的性状也随之发生改变。根据突变发生原因的不同尚可分为自发突变和诱发突变。自发突变是指在自然状态下，环境中所存在的某些致突变物所引起的突变；诱发突变则是人为的，用能引起DNA改变的一些外界的物理和化学因素诱发的突变。基因突变引起个体某些性状改变的机制是它可引起酶分子的缺陷，然后进一步影响新陈代谢及细胞结构和功能。如某一基因发生突变，就会使相应的酶合成障碍，而酶是物质代谢中

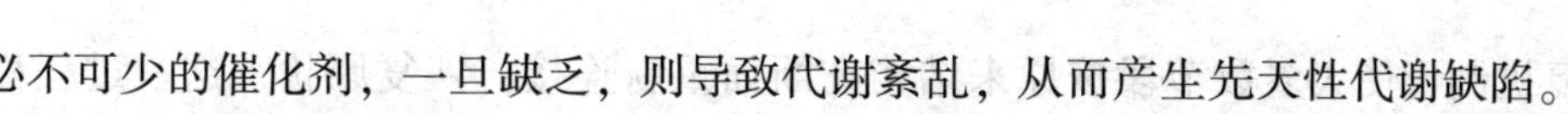

必不可少的催化剂，一旦缺乏，则导致代谢紊乱，从而产生先天性代谢缺陷。

（2）基因突变的后果可以很轻微，对机体不产生可察觉效应。也可造成人体组成方面的遗传学差异，这种差异一般对人体并无影响。有些突变还可能增强机体的适应相生存能力。但大多数的基因突变对个体是不利的，不仅可引起遗传性感染，还能导致遗传性疾病的产生。更严惩的基因突变则造成死胎、自然流产和出生后夭折。

2. **染色体畸变**（chrorilosome aberration）

染色体畸变是指染色体在结构或数量上发生的改变。可以是染色体数成倍增加，也可以是某个染色体整条或部分节段的增减。其实质是染色体或染色体节段上基因群的增减或位置的转移，使基因之间的作用失去平衡，正常的物质代谢过程受影响，并使机体产生不同程度的损害。

（1）染色体畸变的原因较为明确的原因有电离辐射，化学药物和毒物等。有些生物因素，如风疹和腮腺炎等病毒也可致畸变。此外，父母生育时年龄过大，尤其是35岁以上的母亲，由于生殖细胞在母体内停留时间过久，受各种因素影响的机会增多，在以后发生的减数分裂过程中，容易产生染色体不分离而引起数目异常。如21-三体综合征，在高龄孕妇中的发生率明显增高，主要原因就与卵龄老化有关。

（2）染色体畸变的种类。

1）染色体数目的畸变：正常人的体细胞有46条染色体，称为二倍体。生殖细胞具有23条染色体，凡是在此基础上发生的染色体数目的增减，都属于染色体数目的畸变。它可以是成倍的增加，如三倍体细胞，即染色体总数变为69。在人类，全身三倍性是致死的，因而极为罕见。但在瘤组织中，这种细胞并不罕见。也可以是染色体单条的增减，如常见的先天性卵巢发育不全症，就是由于少了一条X染色体，核型为45，XO。染色体数目的畸变结果可导致死胎、流产及染色体病。

2）染色体结构的畸变：主要是染色体发生断裂，重接而形成重组的结果。染色体在某些物理或化学因素作用下，会发生断裂，但细胞中存在的修复机制可使大多数节段按原来结构在断面重新连接，恢复原状，这一过程称为愈合或重建。但在此过程中，由于染色体的断裂面有黏合的倾向，有可能以不同方式与邻近的断片重接，形成各种不同结构的染色体，表现为多种类型的染色体结构畸变。常见的有缺失、易位、移位、倒位、插入及重复等。

染色体畸变是引起染色体病的根本原因。如果是常染色体病患者，多伴有较严重的生长发育障碍和多发性畸形。性染色体病患者则以性分化发育异常和不育症为主要临床表现。

人类基因库的新突变正在不断地增加。虽然有些突变的危害不太明显或需要长时间才显现，有些还需要特定的环境才会表现出来。但对人类有益的突变是很少的。然而，从进化的观点而言，人类在经历了亿万年的自然选择过程中，不乏一些有益突变的存在，这也正是人类生存和对环境适应的基础。没有变异，选择作用成为不可能，生物界也就永远不会进化了。

根据基因结构的改变方式，基因突变可分为碱基置换突变和移码突变两种类型。

碱基置换突变：由一个错误的碱基对替代一个正确的碱基对的突变叫碱基置换突变。例如在DNA分子中的GC碱基对由CG或AT或TA所代替，AT碱基对由TA或GC或CG所代替。碱基替换过程只改变被替换碱基的那个密码子，也就是说每一次碱基替换只改变一个密码子，不会涉及其他的密码子。引起碱基置换突变的原因和途径有两个。一是碱基类似物的掺入，例如在大肠杆菌培养基中加入5-溴尿嘧啶（BU）后，会使DNA的一部分胸腺嘧啶被BU所取代，从而导致AT碱基对变成GC碱基对，或者GC碱基对变成AT碱基对。二是某些化学物质如亚硝酸、亚硝基胍、硫酸二乙酯和氮芥等，以及紫外线照射，也能引起碱基置换突变。

移码突变：基因中插入或者缺失一个或几个碱基对，会使DNA的阅读框架（读码框）发生改变，导致插入或缺失部位之后的所有密码子都跟着发生变化，结果产生一种异常的多肽链。移码突变诱发的原因是一些像嘧啶类染料分子能插入DNA分子，使DNA复制时发生差错，导致移码突变。

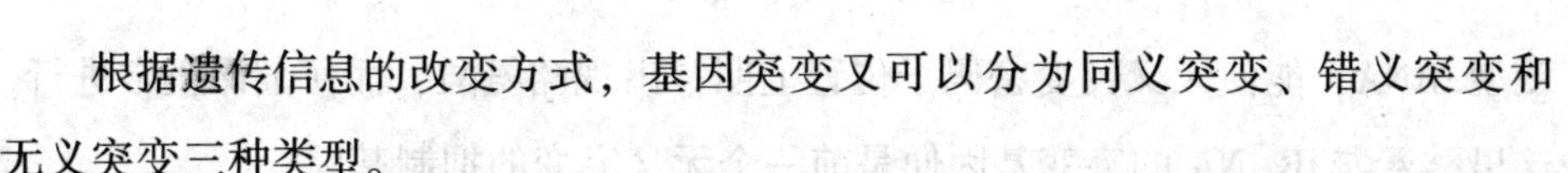

根据遗传信息的改变方式，基因突变又可以分为同义突变、错义突变和无义突变三种类型。

同义突变：有时 DNA 的一个碱基对的改变并不会影响它所编码的蛋白质的氨基酸序列，这是因为改变后的密码子和改变前的密码子是简并密码子，它们编码同一种氨基酸，这种基因突变称为同义突变。

错义突变：由于一对或几对碱基对的改变而使决定某一氨基酸的密码子变为决定另一种氨基酸的密码子的基因突变叫错义突变。这种基因突变有可能使它所编码的蛋白质部分或完全失活，例如人血红蛋白 β 链的基因如果将决定第 6 位氨基酸（谷氨酸）的密码子由 CTT 变为 CAT，就会使它合成出的 β 链多肽的第 6 位氨基酸由谷氨酸变为缬氨酸，从而引起镰刀形细胞贫血病。

无义突变：由于一对或几对碱基对的改变而使决定某一氨基酸的密码子变成一个终止密码子的基因突变叫无义突变。其中密码子改变为 UAG 的无义突变又叫琥珀突变，密码子改变成 UAA 的无义突变又叫赭石突变。

分子遗传学中，营养缺陷型是指通过诱变而使得一些营养物质（如氨基酸）的合成能力出现缺陷，必须在基本培养基（如由葡萄糖和无机盐组成的培养基）中加入相应的有机成分才能正常生长的突变菌株或突变细胞。例如，野生型大肠杆菌在基本培基中能够正常生长，而组氨酸缺陷型的大肠杆菌（记为 His-）只有在基本培养基中加入适量的组氨酸时才能正常生长。突变型基因转变成野生型基因的过程叫回复突变。例如把大量的 His-大肠杆菌细胞接种在不含组氨酸的基本培养基中，会有极少量的细胞能够生长，出现这种情况的原因主要是这些细胞的组氨酸缺陷基因已回复为正常基因（记为 His+）。

某一突变基因的表型效应由于第二个突变基因的出现而恢复正常时，称后一突变基因为前者的抑制基因。抑制基因并没有改变突变基因的 DNA 结构，而只是使突变型的表型恢复正常。例如，酪氨酸的密码子是 UAC，置换突变使 UAC 变为无义密码子 UAG 后翻译便到此停止。如果酪氨酸 tR-NA 基因发生突变，使它的反密码子由 AUG 变为 AUC 时，其 tR-NA 仍然能与酪氨酸结合，而且它的反密码子 AUC 也能与突变的无义密码子 UAG 配对。因此这一突变型 tRNA，能使无义突变密码子位置上照常出现酪氨酸，而使翻译正常进行。这里酪氨酸 tR-NA 的突变基因便是前一个无义突变的抑制基因。

基因突变的特点

基因突变作为生物变异的一个重要来源，它具有以下主要特点：

（1）基因突变在生物界中是普遍存在的。无论是低等生物，还是高等的动植物以及人，都可能发生基因突变。基因突变在自然界的物种中广泛存在。例如，棉花的短果枝、水稻的矮秆、糯性，果蝇的白眼、残翅，家鸽羽毛的灰红色，以及人的色盲、糖尿病、白化病等遗传病，都是突变性状。自然条件下发生的基因突变叫做自然突变，人为条件下诱发产生的基因突变叫做诱发突变。

（2）基因突变是随机发生的。它可以发生在生物个体发育的任何时期和生物体的任何细胞。一般来说，在生物个体发育的过程中，基因突变发生的时期越迟，生物体表现突变的部分就越少。例如，植物的叶芽如果在发育的早期发生基因突变，那么由这个叶芽长成的枝条，上面着生的叶、花和果实都有可能与其他枝条不同。如果基因突变发生在花芽分化时，那么，将来可能只在一朵花或一个花序上表现出变异。

基因突变可以发生在体细胞中，也可以发生在生殖细胞中。发生在生殖细胞中的突变，可以通过受精作用直接传递给后代。发生在体细胞中的突变，一般是不能传递给后代的。

（3）在自然状态下，对一种生物来说，基因突变的频率是很低的。据估计，在高等生物中，大约 10 万个到 1 亿个生殖细胞中，才会有一个生殖细胞发生基因突变，突变率是 $1\times10^{-5}\sim1\times10^{-8}$。不同生物的基因突变率（mutation rate）是不同的。例如，细菌和噬菌体等微生物的突变率比高等动植物的要低。同一种生物的不同基因，突变率也不相同。例如，玉米的抑制色素形成的基因的突变率为 1.06×10^{-4}，而黄色胚乳基因的突变率为 2.2×10^{-6}。

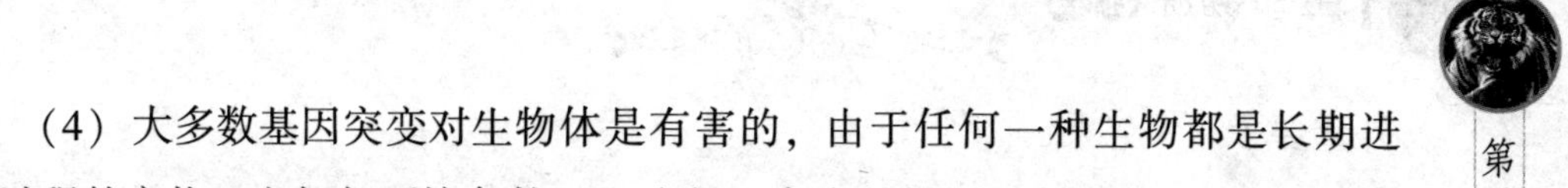

（4）大多数基因突变对生物体是有害的，由于任何一种生物都是长期进化过程的产物，它们与环境条件已经取得了高度的协调。如果发生基因突变，就有可能破坏这种协调关系。因此，基因突变对于生物的生存往往是有害的。例如，绝大多数的人类遗传病，就是由基因突变造成的，这些病对人类健康构成了严重威胁。又如，植物中常见的白化苗，也是基因突变形成的。这种苗由于缺乏叶绿素，不能进行光合作用制造有机物，最终导致死亡。但是，也有少数基因突变是有利的。例如，植物的抗病性突变、耐旱性突变、微生物的抗药性突变等，都是有利于生物生存的。

（5）基因突变是不定向的。一个基因可以向不同的方向发生突变，产生一个以上的等位基因。例如，控制小鼠毛色的灰色基因（A+）可以突变成黄色基因（AY），也可以突变成黑色基因（a）。但是每一个基因的突变，都不是没有任何限制的。例如，小鼠毛色基因的突变，只限定在色素的范围内，不会超出这个范围。

遗传基因技术的应用

基因芯片简介

随着人类基因组（测序）计划的逐步实施以及分子生物学相关学科的迅猛发展，越来越多的动植物、微生物基因组序列得以测定，基因序列数据正在以前所未有的速度迅速增长。然而，怎样去研究如此众多基因在生命过程中所担负的功能就成了全世界生命科学工作者共同的课题。为此，建立新型杂交和测序方法以对大量的遗传信息进行高效、快速地检测、分析就显得格外重要了。

基因芯片（又称DNA芯片、生物芯片）技术就是顺应这一科学发展要求的产物，它的出现为解决此类问题提供了光辉的前景。该技术系指将大量(通常每平方厘米点阵密度高于400）探针分子固定于支持物上后与标记的样品分子进行杂交，通过检测每个探针分子的杂交信号强度进而获取样品分子的数量和序列信息。20世纪80年代，贝恩斯等人就将短的DNA片断固定到支持物上，借助杂交方式进行序列测定。但基因芯片从实验室走向工业化却是直接得益于探针固相原位合成技术和照相平版印刷技术的有机结合以及激光共聚焦显微技术的引入。它使得合成、固定高密度的数以万计的探针分子切实可行，而且借助激光共聚焦显微扫描技术使得可以对杂交信号进行实时、灵敏、准确的检测和分析。正如电子管电路向晶体管电路和集成电路发展时所经历的那样，核酸杂交技术的集成化也已经和正在使分子生物学技术发生着一场革命。现在全世界已有十多家公司专门从事基因芯片的研究和开发工作，且已有较为成型的产品和设备问世。主要代表为美国昂飞公司。该公司聚集有多位计算机、数学和分子生物学专家，其每年的研究经费在一千万美元以上，且已历时六七年之久，拥有多项专利。产品已有部分投放市场，产生的社会效益和经济效益令人咂舌。

基因芯片技术由于同时将大量探针固定于支持物上，所以可以一次性对样品大量序列进行检测和分析，从而解决了传统核酸印迹杂交（Southern Blotting和Northern Blotting等）技术操作繁杂、自动化程度低、操作序列数量少、检测效率低等不足。而且，通过设计不同的探针阵列、使用特定的分析方法可使该技术具有多种不同的应用价值，如基因表达谱测定、实变检测、多态性分析、基因组文库作图及杂交测序等。

原 理

基因芯片（gene chip）的原型是20世纪80年代中期提出的。基因芯片的测序原理是杂交测序方法，即通过与一组已知序列的核酸探针杂交进行核酸序列测定的方法，在一块基片表面固定了序列已知的八核苷酸的探针。当溶液中带有荧光标记的核酸序列TATGCAATCTAG，与基因芯片上对应位置的核酸探针产生互补匹配时，通过确定荧光强度最强的探针位置，获得一组序列完全互补的探针序列。据此可重组出靶核酸的序列。

基因芯片又称为DNA微阵列（DNA microarray），可分为3种主要类型：

（1）固定在聚合物基片（尼龙膜，硝酸纤维膜等）表面上的核酸探针或DNA片段，通常用同位素标记的靶基因与其杂交，通过放射显影技术进行检测。这种方法的优点是所需检测设备与目前分子生物学所用的放射显影技术相一致，相对比较成熟。但芯片上探针密度不高，样品和试剂的需求量大，定量检测存在较多问题。

（2）用点样法固定在玻璃板上的DNA探针阵列，通过与荧光标记的靶基因杂交进行检测。这种方法点阵密度可有较大的提高，各个探针在表面上的结合量也比较一致，但在标准化和批量化生产方面仍有不易克服的困难。

（3）在玻璃等硬质表面上直接合成的寡核苷酸探针阵列，与荧光标记的靶基因杂交进行检测。该方法把微电子光刻技术与DNA化学合成技术相结合，可以使基因芯片的探针密度大大提高，减少试剂的用量，实现标准化和批量化大规模生产，有着十分重要的发展潜力。

基因芯片是在基因探针的基础上研制出的，所谓基因探针只是一段人工合成的碱基序列，在探针上连接一些可检测的物质，根据碱基互补的原理，利用基因探针到基因混合物中识别特定基因。它将大量探针分子固定于支持物上，然后与标记的样品进行杂交，通过检测杂交信号的强度及分布来进行分析。基因芯片通过应用平面微细加工技术和超分子自组装技术，把大量分子检测单元集成在一个微小的固体基片表面，可同时对大量的核酸和蛋白质等生物分子实现高效、快速、低成本的检测和分析。

由于尚未形成主流技术，生物芯片的形式非常多。以基质材料分，有尼龙膜、玻璃片、塑料、硅胶晶片、微型磁珠等；以所检测的生物信号种类分，有核酸、蛋白质、生物组织碎片甚至完整的活细胞；按工作原理分类，有杂交型、合成型、连接型、亲和识别型等。由于生物芯片概念是随着人类基因组的发展一起建立起来的，所以至今为止生物信号平行分析最成功的形式是以一种尼龙膜为基质的“DNA 阵列”，用于检测生物样品中基因表达谱的改变。

探秘人类生命基因密码

基因组（genome），一般的定义是单倍体细胞中的全套染色体为一个基因组，或是单倍体细胞中的全部基因为一个基因组。可是基因组测序的结果发现基因编码序列只占整个基因组序列的很小一部分。因此，基因组应该指单倍体细胞中包括编码序列和非编码序列在内的全部 DNA 分子。说的更确切些，核基因组是单倍体细胞核内的全部 DNA 分子；线粒体基因组则是一个线粒体所包含的全部 DNA 分子；叶绿体基因组则是一个叶绿体所包含的全部 DNA 分子。

现代遗传学家认为，基因是 DNA（脱氧核糖核酸）分子上具有遗传效应的特定核苷酸序列的总称，是具有遗传效应的 DNA 分子片段。基因位于染色

体上，并在染色体上呈线性排列。基因不仅可以通过复制把遗传信息传递给下一代，还可以使遗传信息得到表达。不同人种之间头发、肤色、眼睛、鼻子等不同，是基因差异所致。

基因是生命遗传的基本单位，由30亿个碱基对组成的人类基因组，蕴藏着生命的奥秘。始于1990年的国际人类基因组计划，被誉为生命科学的“登月”计划。各国所承担工作比例约为美国54%，英国33%，日本7%，法国2.8%，德国2.2%，中国1%。此前，人类基因组“工作框架图”已于2000年6月完成，科学家发现人类基因数目为3.4万～3.5万个，仅比果蝇多2万个，远少于原先10万个基因的估计。

人类基因组是全人类的共同财富。国内外专家普遍认为，基因组序列图首次在分子层面上为人类提供了一份生命“说明书”，不仅奠定了人类认识自我的基石，推动了生命与医学科学的革命性进展，而且为全人类的健康带来了福音。

人类只有一个基因组，有5万～10万个基因。人类基因组计划是美国科学家于1985年率先提出的，旨在阐明人类基因组30亿个碱基对的序列，发现所有人类基因并搞清其在染色体上的位置，破译人类全部遗传信息，使人类第一次在分子水平上全面地认识自我。计划于1990年正式启动，这一价值30亿美元的计划的目标是，为30亿个碱基对构成的人类基因组精确测序，从而最终弄清楚每种基因制造的蛋白质及其作用。打个比方，这一过程就好像以步行的方式画出从北京到上海的路线图，并标明沿途的每一座山峰与山谷。虽然很慢，但非常精确。

随着人类基因组逐渐被破译，一张生命之图将被绘就，人们的生活也将发生巨大变化。基因药物已经走进人们的生活，利用基因治疗更多的疾病不再是一个奢望。因为随着我们对人类本身的了解迈上新的台阶，很多疾病的病因将被揭开，药物就会设计得更好些，治疗方案就能“对因下药”，生活起居、饮食习惯有可能根据基因情况进行调整，人类的整体健康状况将会提高，21世纪的医学基础将由此奠定。

利用基因，人们可以改良果蔬品种，提高农作物的品质，更多的转基因植物和动物、食品将问世，人类可能在新世纪里培育出超级作物。通过控制人体的生化特性，人类将能够恢复或修复人体细胞和器官的功能，甚至改变人类的进化过程。

基因疗法治疗遗传病

遗传病是指由遗传物质发生改变而引起的或者是由致病基因所控制的疾病。

由于遗传物质的改变，包括染色体畸变以及在染色体水平上看不见的基因突变而导致的疾病，统称为遗传病。根据所涉及遗传物质的改变程序，可将遗传病分为3大类：

（1）染色体病或染色体综合征。遗传物质的改变在染色体水平上可见，表现为数目或结构上的改变。由于染色体病累及的基因数目较多，故症状通常很严重，累及多器官、多系统的畸变和功能改变。

（2）单基因病。目前，已经发现多种单基因病，主要是指一对等位基因的突变导致的疾病，分别由显性基因和隐性基因突变所致。所谓显性基因是指等位基因（一对同源染色体同位置上控制相对性状的基因）中只要其中之一发生了突变即可导致疾病的基因。隐性基因是指只有当一对等位基因同时发生了突变才能致病的基因。

(3) 多基因病。顾名思义，这类疾病涉及多个基因起作用，与单基因病不同的是这些基因没有显性和隐性的关系，每个基因只有微效累加的作用，因此同样的病不同的人由于可能涉及的致病基因数目上的不同，其病情严重程度、复发风险均可有明显的不同，且表现出家族聚集现象，如唇裂就有轻有重，有些人同时还伴有腭裂。值得注意的是多基因病除与遗传有关外，环境因素影响也相当大，故又称多因子病。很多常见病如哮喘、唇裂、精神分裂症、高血压、先心病、癫痫等均为多基因病。

遗传病是指完全或部分由遗传因素决定的疾病，常为先天性的，也可后天发病。如先天愚型、多指（趾）、先天性聋哑、血友病等，这些遗传病完全由遗传因素决定发病，并且出生一定时间后才发病，有时要经过几年、十几年甚至几十年后才能出现明显症状。如假肥大型肌营养不良要到儿童期才发病；慢性进行性舞蹈病一般要在中年时期才出现疾病的表现。有些遗传病需要遗传因素与环境因素共同作用才能发病，如哮喘病，遗传因素占80%，环境因素占20%；胃及十二指肠溃疡，遗传因素占30%～40%，环境因素占60%～70%。遗传病常在一个家族中有多人发病，为家族性的，但也有可能一个家系中仅有一个病人，为散发性的。如苯丙酮尿症，因其致病基因频率低，又是常染色体隐性遗传病，只有夫妇双方均带有一个导致该疾病的基因时，子女才会成为这种隐性致病基因的纯合子（同一基因座位上的两个基因都不正常）而得病，因此多为散发性，特别在只有一个子女的家庭，偶有散发出现的遗传病患者，就不足为奇了。

那么，遗传病能够治疗吗？

以前，人们认为遗传病是不治之症。近年来，随着现代医学的发展，医学遗传学工作者在对遗传病的研究中，弄清了一些遗传病的发病过程，从而为遗传病的治疗和预防提供了一定的基础，并不断提出了新的治疗措施。

基因治疗遗传是一种根本的和有希望的方法。人类的遗传物质，也可以像“虾子向蚯蚓借眼睛”的故事一样，向别的生物借用。即向基因发生缺陷的细胞注入正常基因，以达到治疗目的。基因治疗说起来简单，可事实上是一个相当复杂的问题。首先必须从数十万基因中找出缺陷基因，同时必须制备出相应的正常基因，然后将正常基因转入细胞内替代缺陷基因，并能够进行正常的表达作用。此种治疗方法，目前还处在研究和探索阶段。

值得特别提出的是，在基因疗法还没有彻底研究出来的现阶段，遗传病中能够用上述几种简单方法进行治疗的，毕竟只是少数，而且这类治疗只有治标的作用，即所谓“表现型治疗”，只能消除一代人的病痛，而对致病基因本身却丝毫未触及。那些致病基因将一如既往，按照固有规律传递给患者的子孙后代。

人类血型遗传溯源

是以血液抗原形式表现出来的一种遗传性状。狭义地讲，血型专指红细胞抗原在个体间的差异；但现已知道除红细胞外，在白细胞、血小板乃至某些血浆蛋白，个体之间也存在着抗原差异。因此，广义的血型应包括血液各成分的抗原在个体间出现的差异。通常人们对血型的了解往往仅局限于A、B、O血型以及输血问题等方面，实际上，血型在人类学、遗传学、法医学、临床医学等学科都有广泛的实用价值，因此具有重要的理论和实践意义。同时，动物血型的发现也为血型研究提供了新的问题和研究方向。

血型系统

红细胞血型是1900年由奥地利的K. 兰德施泰纳发现的。他把每个人的红细胞分别与别人的血清交叉混合后，发现有的血液之间发生凝集反应，有的则不发生。他认为凡是凝集者，红细胞上有一种抗原，血清中有一种抗体。

如抗原与抗体有相对应的特异关系，便发生凝集反应。如红细胞上有A抗原，血清中有抗A抗体，便会发生凝集。如果红细胞缺乏某一种抗原，或血清中缺乏与之对应的抗体，就不发生凝集。根据这个原理他发现了人的A、B、O血型。后来他又把不同人的红细胞分别注射到家兔体内，在家兔血清中产生了3种免疫性抗体，分别叫做M抗体、N抗体及P抗体。用这3种抗体，又可确定红细胞上3种新的抗原。这些新的抗原与A、B、O血型无关，是独立遗传的，是另外的血型系统。而且M、N与P也不是一个系统。控制不同血型系统的血型基因在不同的染色体上，即使在一个染色体上，两个系统的基因位点也相距甚远，不是连锁关系，因此是独立遗传的。

RH是恒河猴外文名称的头两个字母。兰德斯坦纳等科学家在1940年做动物实验时，发现恒河猴和多数人体内的红细胞上存在Rh血型的抗原物质，故而命名的。凡是人体血液红细胞上有RH抗原（又称D抗原）的，称为RH阳性。这样就使已发现的红细胞A、B、O及AB四种主要血型的人，又都分别一分为二地被划分为RH阳性和RH阴性两种。随着对RH血型的不断研究，认为RH血型系统可能是红细胞血型中最为复杂的一个血型系。RH血型的发现，对更加科学地指导输血工作和进一步提高新生儿溶血病的实验诊断和维护母婴健康，都有非常重要的作用。根据有关资料介绍，RH阳性血型在我国汉族及大多数民族人中约占99.7%，个别少数民族约为90%。在国外的一些民族中，RH阳性血型的人约为85%，其中在欧美白种人中，RH阴性血型人约占15%。

在我国，RH阴性血型只占3‰~4‰。RH阴性A型、B型、O型、AB型的比例是3∶3∶3∶1。

RH阴性者不能接受RH阳性者血液，因为RH阳性血液中的抗原将刺激

RH 阴性人体产生 RH 抗体。如果再次输入 RH 阳性血液，即可导致溶血性输血反应。但是，RH 阳性者可以接受 RH 阴性者的血液。

临床意义

（1）防止 RH 血型系统所致的溶血性输血反应。RH 阴性患者如输入 RH 阳性血液后便可刺激机体产生抗 RH 抗体，当再次输入 RH 阳性血液时，就会发生溶血性输血反应。如 RH 阴性妇女曾孕育过 RH 阳性胎儿，当输入 RH 阳性血时亦可发生溶血反应。所以需要输血的患者和供血者，除检查 A、B、O 血型外，还应做 RH 血型鉴定，以避免这种情况的发生。

（2）RH 阳性红细胞引起的新生儿溶血症。RH 阴性的母亲孕育了 RH 阳性的胎儿后，胎儿的红细胞若有一定数量进入母体时，即可刺激母体产生抗 RH 阳性抗体，如母亲再次怀孕生第二胎时，此种抗体便可通过胎盘，溶解破坏胎儿的红细胞造成新生儿溶血。若孕妇原曾输过 RH 阳性血液，则第一胎即可发生新生儿溶血。

RH 血型系统，其中含有 6 种抗原，即 C、c、D、d、E、e。凡红细胞含 D 抗原者为 RH 阳性，否则为阴性。RH 血型无天然抗体，其抗体多由输血（RH 阴性者被输入 RH 阳性血液）或妊娠（RH 阴性母亲孕育着 RH 阳性胎儿）免疫生成，具有重要临床意义。一旦形成抗体，如再输入 RH 阳性血液，可发生严重输血反应。再孕育 RH 阳性胎儿可发生新生儿溶血症。

因此，RH 阴性的女性在输了 RH 阳型的血后，血液里产生了抗体，就不能再怀 RH 阳性的孩子了，否则婴儿多半难以存活。也有部分存活胎儿由于溶血所产生的大量胆红素进入脑细胞，引起新生儿中枢神经细胞病变，（称为核黄疸。核黄疸残废率极高）即使幸存也会影响病儿的智力发育和运动能力。

女性如果不输 RH 阳性的血，则可生育第一胎，这是由于第一胎怀孕时，孕妇体内产生的抗体量较少，还不足以引起胎儿发病。如果第一胎是 RH 阳性，那么以后就不能继续生育了。

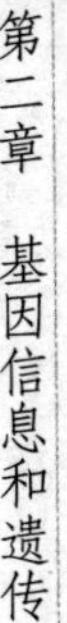

如果男性是RH阴性，那么生完RH阳性的孩子后也不要生育第二胎。但是男性输完RH阳性的血后不会丧失生育能力。

输血时，RH和A、B、O血型都要检验RH者如何自我保护？

请您记住这条原则：血液只能同型输注，即A型RH患者只能输A型RH血，B型的只能输B型RH血。假如您生病或手术需要输血时，您一定要将您是RH血型的情况告知医生，以便医生及早和血站联系，组织您所需要的RH血源。假如您是未婚女性，请您做好计划生育以避免人工流产，若您已有流产或输血史，妊娠期务必到血站血型室进行新生儿溶血病的预测检查，以防止今后新生儿溶血病的发生。

A、B、O血型基因

控制人类的A、B、O血型的遗传基因

科学研究发现，控制人类的A、B、O血型的遗传基因有3个：IA、IB、i。

其中，IA和IB对i为显性，IA、IB间无显隐性关系。

也就是说：

A型血的基因组成可以是IAIA或IAi；

B型血的基因组成可以是IBIB或IBi；

AB型血的基因组成是IAIB；

O型血的基因组成是ii。

A、B、O血型鉴定通常只用两种抗血清即抗A及抗B血清，就可将群体分为4种血型。

根据血型的遗传规律和临床工作方便起见，配偶间所生子女的血型如下：

婚配式	子女可能有的血型	子女不可能有的血型
A×A	A、O	B、AB
A×B	A、B、O、AB	无
A×AB	A、B、AB	O
A×O	A、O	B、AB
B×B	B、O	A、AB
B×AB	A、B、AB	O
B×O	B、O	A、AB
AB×AB	A、B、AB	O
AB×O	A、B、AB	AB、O
O×O	O	A、B、AB

血型人生

人的性格在幼儿期、少年期、青春期、中年期、老年期各有不同。一个人走向社会，从参加工作后，由新手成为骨干，由下级成为上级，由工作直到退休，这期间其性格也都在不断地变化。在这种变化中，可以看到不同血型的许多特征。A 血型人小时候比较任性，年轻时性格果断刚毅，时时处处要强。走向社会后，随着年龄的增长和社会经验的积累，他们开始克制自己的情绪，表现出稳重谦虚的态度，容易成为不愿过分表现自己的谨慎派。A 型人在老年时，则显得很固执。B 血型人大都有一个天真烂漫的幼年期，随着年龄的增长，逐渐分成心直口快和不擅交际应酬型两种倾向。B 型人由于性格自幼到老变化不大，相对来说会让人感到他们越活越年轻。O 血型人年少时比较温顺，但随着年龄的增长，他们会积极地呈现出强烈的自我主张和自我表现，甚至成为非常有魄力的人。O 型人从小至老的变化是最大的，往往是少年温顺，老来强硬。AB 血型人大多小时候怕陌生人，很闭塞，但长大以后善交朋友，交际广泛。AB 型人因过于自信，容易自满，老年时给人感觉很傲慢。

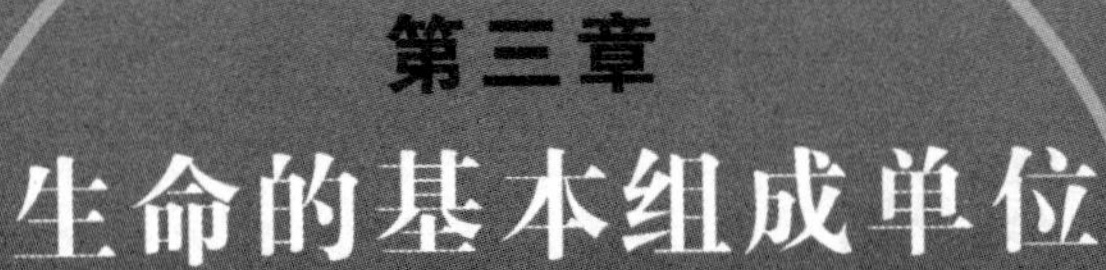

第三章
生命的基本组成单位

在漫长的生命长河中，我们不禁要问：今天令人叹为观止的生命世界，最初是怎么形成的？假设是像多数国家流传着的神话故事那样，生命是神创造的，那么生命的摇篮会是天堂，而人类更是天堂中的宠儿。

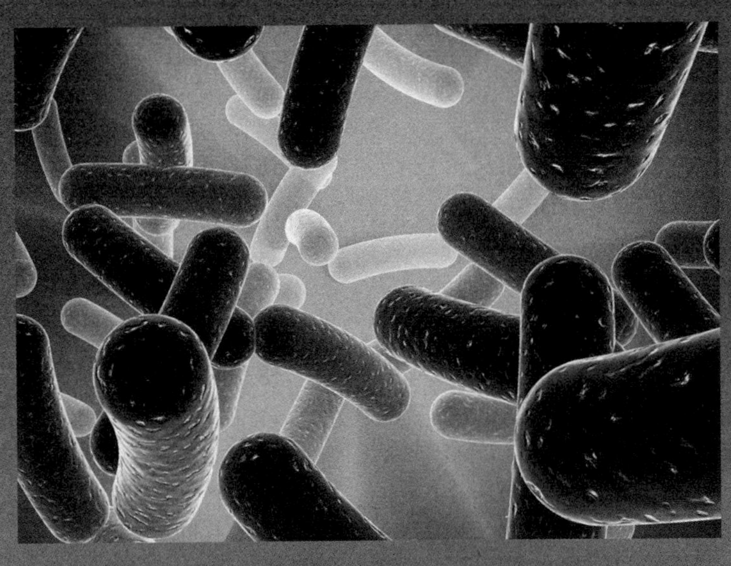

细胞的发现

细胞的发现及研究史

绝大多数细胞都非常微小，超出人的视力极限，观察细胞必须用显微镜。

1677 年列文·虎克用自己制造的简单显微镜观察到动物的“精虫”时，并不知道这是一个细胞。

1665 年罗伯特·胡克在观察软木塞的切片时看到软木中含有一个个小室，就将它命名为细胞。其实这些小室并不是活的结构，而是细胞壁所构成的空隙，但细胞这个名词就此被沿用下来。

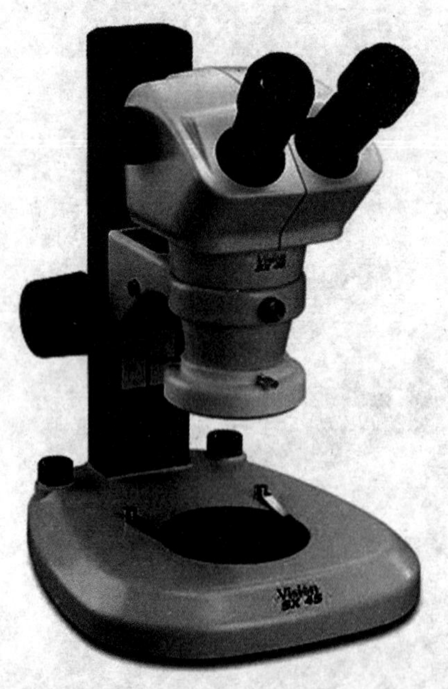

1827 年贝尔发现哺乳类的卵子，才开始对细胞本身进行认真的观察。

对于研究细胞起了巨大推动作用的是德国生物学家施莱登和施旺。

1838 年施莱登描述了细胞是在一种黏液状的母质中，经过一种像是结晶样的过程产生的，并且把植物看作细胞的共同体。在他的启发下施旺坚信动、植物都是由细胞构成的，并

指出二者在结构和生长中的一致性。

1867 年德国植物学家霍夫迈斯特对植物，施奈德 1873 年对动物，分别比较详细地叙述了间接分裂；德国细胞学家弗勒明 1882 年在发现了染色体的纵分裂之后提出了有丝分裂这一名称以代替间接分裂，霍伊泽尔描述了在间接分裂时的染色体分布；在他之后，施特拉斯布格把有丝分裂划分为直到现在还通用的前期、中期、后期、末期；他和其他学者还在植物中观察到减数分裂，经过进一步研究终于区别出单倍体和双倍体染色体数目。

与此同时，捷克动物生理学家浦肯野提出原生质的概念；德国动物学家西博尔德断定原生动物都是单细胞的。德国病理学家菲尔肖在研究结缔组织的基础上提出“一切细胞来自细胞”的名言，并且创立了细胞病理学。

从 19 世纪中期到 20 世纪初，关于细胞结构尤其是细胞核的研究，有了长足的进展。

1875 年德国植物学家施特拉斯布格首先叙述了植物细胞中的着色物体，而且断定同种植物各自有一定数目的着色物体；1880 年巴拉涅茨基描述了着色物体的螺旋状结构，翌年普菲茨纳发现了染色粒。

1888 年瓦尔代尔才把核中的着色物体正式命名为染色体。

1891 年德国学者亨金在昆虫的精细胞中观察到 X 染色体。

1902 年史蒂文斯、威尔逊等发现了 Y 染色体。

1900 年重新发现孟德尔的研究成就后，遗传学研究有力地推动了细胞学的进展。美国遗传学家和胚胎学家摩尔根研究果蝇的遗传，发现偶尔出现的白眼个体总是雄性；结合已有的、关于性染色体的知识，解释了白眼雄性的出现，开始从细胞解释遗传现象，遗传因子可能位于染色体上。细胞学和遗传学联系起来，从遗传学得到定量的和生理的概念，从细胞学得到定性的、物质的和叙述的概念，逐步产生出细胞遗传学。

此外，发现了辐射现象、温度能够引起果蝇突变之后，因突变的频率很高更有利于染色体的实验研究。辐射之后引起的各种突变，包括基因的移位、倒位及缺失等都在染色体中找到依据。利用突变型与野生型杂交，并且对其后代进行统计处理可以推算出染色体的基因排列图。广泛开展的性染色体形态的研究，也为雌雄性别的决定找到细胞学的基础。

20世纪40年代后，电子显微镜得到广泛使用，标本的包埋、切片一套技术逐渐完善，才有了很大改变。

开始逐渐开展了从生化方面研究细胞各部分功能的工作，产生了生化细胞学。

定义概要

细胞是生命活动的基本单位，一切有机体（除病毒外）都由细胞构成，细胞是构成有机体的基本单位。

（1）细胞具有独立的、有序的自控代谢体系，是代谢与功能的基本单位。

（2）细胞是有机体生长与发育的基础。

（3）细胞是遗传的基本结构单位，细胞具有遗传的全能性。

（4）没有细胞就没有完整的生命（病毒必须寄居在活体内）。

（5）除病毒以外，其他生物都是细胞构成的。

细胞的定义

细胞是由膜包围着含有细胞核（或拟核）的原生质所组成，是生物体的结构和功能的基本单位，也是生命活动的基本单位。细胞能够通过分裂而增殖，是生物体个体发育和系统发育的基础。细胞或是独立作为生命单位，或是多个细胞组成细胞群体、组织、器官，进而各部分相互作用、相互配合，具有一定的结构及功能，形成系统和个体（动物，主要为人体）。

细胞还能够进行分裂和繁殖，细胞是遗传的基本单位，并具有遗传的全能性（但在基因的表达上，具有选择性）。细胞内有成形细胞核的是真核生物（并不是细胞的任何时期都具有成形核），反之，则是原核生物（无成形核，但有拟核，或叫核区）。

细胞定义的新思考

除病毒外的所有生物，都由细胞构成。自然界中既有单细胞生物，也有多细胞生物。细胞是生物体基本的结构和功能单位。细胞是生物界中，不可缺的一部分。

细胞是生命的基本单位，细胞的特殊性决定了个体的特殊性，因此，对细胞的深入研究是揭开生命奥秘、改造生命和征服疾病的关键。细胞生物学已经成为当代生物科学中发展最快的一门尖端学科，是生物、农学、医学、畜牧、水产和许多生物相关专业的一门必修课程。20 世纪 50 年代以来诺贝尔生理与医学奖大都授予了从事细胞生物学研究的科学家。

细胞的基本共性

（1）所有的细胞表面均有由磷脂双分子层与镶嵌蛋白质及核糖构成的生物膜，即细胞膜。

（2）所有的细胞都含有两种核酸：即 DNA 与 RNA。

（3）作为遗传信息复制与转录的载体。

（4）作为蛋白质合成的机器——核糖体，毫无例外地存在于一切细胞内。

（5）所有细胞的增殖都以一分为二的方式进行分裂。

细胞的基本结构

在光学显微镜下观察植物的细胞，可以看到它的结构分为下列 4 个部分。显微镜下的细胞如下。

1. 细胞壁

位于植物细胞的最外层，是一层透明的薄壁。它主要是由纤维素和果胶组成的，孔隙较大，物质分子可以自由透过。细胞壁对细胞起着支持和保护的作用。

2. **细胞膜**

细胞壁的内侧紧贴着一层极薄的膜，叫做细胞膜。这层由蛋白质分子和磷脂双层分子组成的薄膜，水和氧气等小分子物质能够自由通过，而某些离子和大分子物质则不能自由通过，因此，它除了起着保护细胞内部的作用以外，还具有控制物质进出细胞的作用：既不让有用物质任意地渗出细胞，也不让有害物质轻易地进入细胞。

细胞膜在光学显微镜下不易分辨。用电子显微镜观察，可以知道细胞膜主要由蛋白质分子和脂类分子构成。在细胞膜的中间，是磷脂双分子层，这是细胞膜的基本骨架。在磷脂双分子层的外侧和内侧，有许多球形的蛋白质分子，它们以不同深度镶嵌在磷脂分子层中，或者覆盖在磷脂分子层的表面。这些磷脂分子和蛋白质分子大都是可以流动的，可以说，细胞膜具有一定的流动性。细胞膜的这种结构特点，对于它完成各种生理功能是非常重要的。

细胞膜的基本结构。①脂双层：磷脂、胆固醇、糖脂，每个动物细胞质膜上约有109个脂分子，即每平方微米的质膜上约有5×106个脂分子。②膜蛋白：分内在蛋白和外在蛋白两种。内在蛋白以疏水的部分直接与磷脂的疏水部分共价结合，两端带有极性，贯穿膜的内外；外在蛋白以非共价键结合在

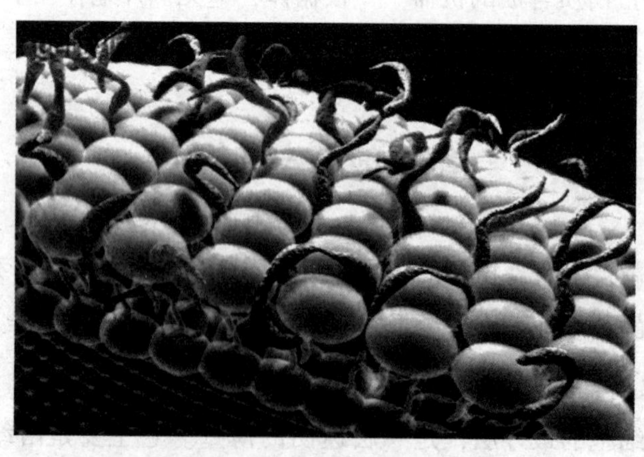

固有蛋白的外端上，或结合在磷脂分子的亲水头上。如载体、特异受体、酶、表面抗原。③膜糖和糖衣：糖蛋白、糖脂。

细胞膜的特性。①结构特性：以凝脂双分子层作为基本骨架——流动性；②功能特性：载体蛋白在一定程度上决定了细胞内生命活动的丰富程度——选择透过性。

3. 细胞质

细胞膜包着的黏稠透明的物质，叫做细胞质。在细胞质中还可看到一些带折光性的颗粒，这些颗粒多数具有一定的结构和功能，类似生物体的各种器官，因此叫做细胞器。例如，在绿色植物的叶肉细胞中，能看到许多绿色的颗粒，这就是一种细胞器，叫做叶绿体。绿色植物的光合作用就是在叶绿体中进行的。在细胞质中，往往还能看到一个或几个液泡，其中充满着液体，叫做细胞液。在成熟的植物细胞中，液泡合并为一个中央大液泡，其体积占去整个细胞的大半。

细胞质不是凝固静止的，而是缓缓地运动着的。在只具有一个中央液泡的细胞内，细胞质往往围绕液泡循环流动，这样便促进了细胞内物质的转运，也加强了细胞器之间的相互联系。细胞质运动是一种消耗能量的生命现象。细胞的生命活动越旺盛，细胞质流动越快，反之，则越慢。细胞死亡后，其细胞质的流动也就停止了。

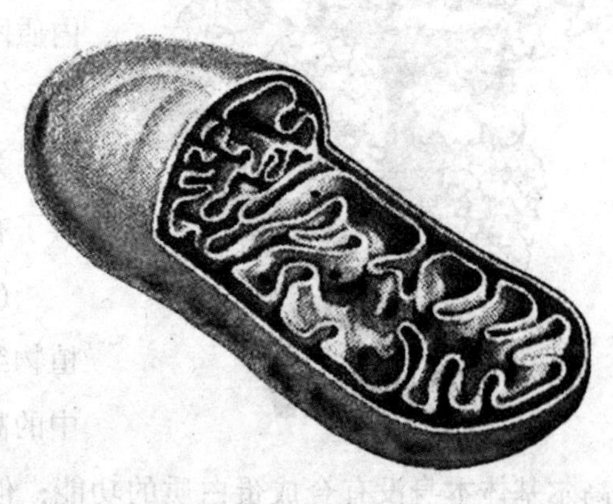

除叶绿体外，植物细胞中还有一些细胞器，它们具有不同的结构，执行着不同的功能，共同完成细胞的生命活动。这些细胞器的结构需用电子显微镜观察。在电镜下观察到的细胞结构称为亚显微结构。

（1）线粒体。呈线状、粒状，故名线粒体。在线粒体上，有很多种与呼吸作用有关的颗粒，即多种呼吸酶。它是细胞进行呼吸作用的场所，通过呼

吸作用，将有机物氧化分解，并释放能量，供细胞的生命活动所需，所以有人称线粒体为细胞的“发电站”或“动力工厂”。

（2）叶绿体。叶绿体是绿色植物细胞中重要的细胞器，其主要功能是进行光合作用。叶绿体由双层膜、基粒（类囊体）和基质3部分构成。类囊体是一种扁平的小囊状结构，在类囊体薄膜上，有进行光合作用必需的色素和酶。许多类囊体叠合而成基粒。基粒之间充满着基质，其中含有与光合作用有关的酶。基质中还含有DNA。

（3）内质网。内质网是细胞质中由膜构成的网状管道系统广泛的分布在细胞质基质内。它与细胞膜及核膜相通连，对细胞内蛋白质及脂质等物质的合成和运输起着重要作用。

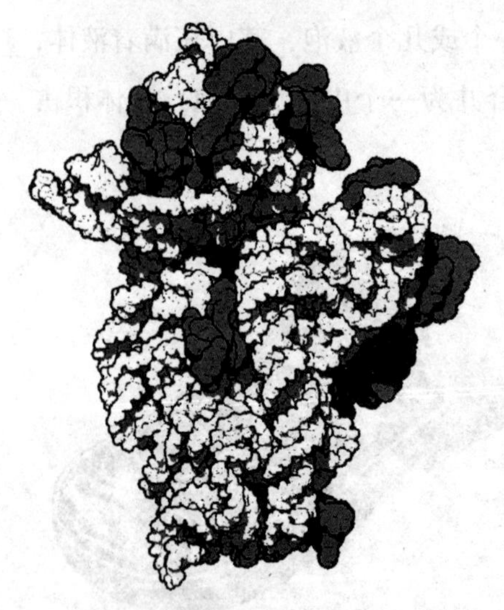

内质网有两种：一种是表面光滑的是滑面内质网，主要与脂质的合成有关；另一种是上面附着许多小颗粒状的，是粗面内质网，与蛋白质的合成有关。内质网增大了细胞内的膜面积，膜上附着着许多酶，为细胞内各种化学反应的正常进行提供了有利条件。

（4）高尔基体。高尔基体普遍存在于植物细胞和动物细胞中。一般认为，细胞中的高尔基体与细胞分泌物的形成有关，高尔基体本身没有合成蛋白质的功能，但可以对蛋白质进行加工和运转。植物细胞分裂时，高尔基体与细胞壁的形成有关（赤道板周围有特别多的高尔基体，以便合成纤维素及果胶）。

（5）核糖体。核糖体是椭球形的粒状小体，有些附着在内质网膜的外表面（供给膜上及膜外蛋白质），有些游离在细胞质基质中（供给膜内蛋白质，不经过高尔基体，直接在细胞质基质内的酶的作用下形成空间构形），是合成蛋白质的重要基地。

(6) 中心体。中心体存在于动物细胞和某些低等植物细胞中，因为它的位置靠近细胞核，所以叫中心体。每个中心体由两个互相垂直排列的中心粒及其周围的物质组成。动物细胞的中心体与有丝分裂有密切关系。

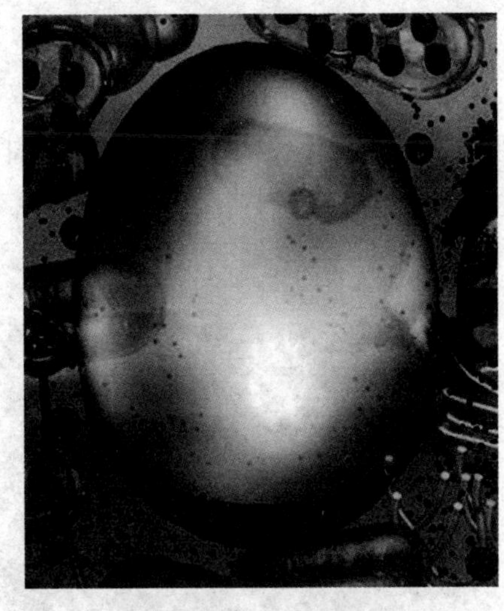

(7) 液泡。液泡是植物细胞中的泡状结构。成熟的植物细胞中的液泡很大，可占整个细胞体积的90%。液泡的表面有液泡膜。液泡内有细胞液，其中含有糖类、无机盐、色素和蛋白质等物质，可以达到很高的浓度。因此，它对细胞内的环境起着调节作用，可以使细胞保持一定的渗透压，保持膨胀的状态。动物细胞也同样有小液泡。

(8) 溶酶体。溶酶体是细胞内具有单层膜囊状结构的细胞器。其内含有很多种水解酶类，能够分解很多物质。

4. **细胞核**

细胞质里含有一个近似球形的细胞核，是由更加黏稠的物质构成的。细胞核通常位于细胞的中央，成熟的植物细胞的细胞核，往往被中央液泡推挤到细胞的边缘。细胞核中有一种物质，易被洋红、苏木精、甲基绿等碱性染料染成深色，叫做染色质。生物体用于传宗接代的物质即遗传物质，就在染色质上。当细胞进行有丝分裂时，染色质就变化成染色体。

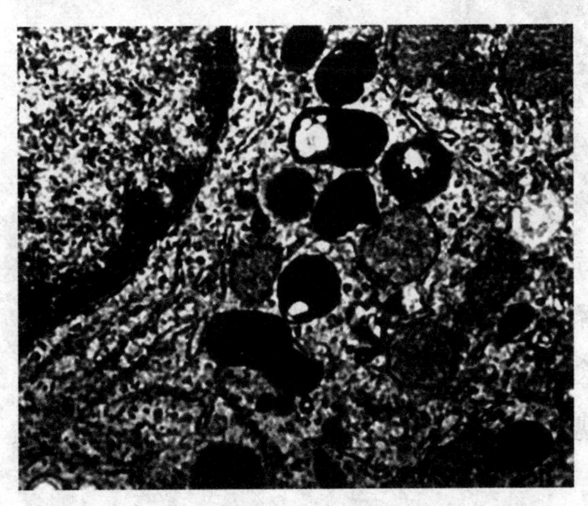

多数细胞只有一个细胞核，有些细胞含有 2 个或多个细胞

核，如肌细胞、肝细胞等。细胞核可分为核膜、染色质、核液和核仁 4 部分。核膜与内质网相通连，染色质位于核膜与核仁之间。染色质主要由蛋白质和 DNA 组成。DNA 是一种有机物大分子，又叫脱氧核糖核酸，是生物的遗传物质。在有丝分裂时，染色体复制，DNA 也随之复制为 2 份，平均分配到 2 个子细胞中，使得后代细胞染色体数目恒定，从而保证了后代遗传特性的稳定。还有 RNA，RNA 是 DNA 在复制时形成的单链，它传递信息，控制合成蛋白质，其中有转移核糖核酸（tRNA）、信使核糖核酸（mRNA）和核糖体核糖核酸（rRNA）。

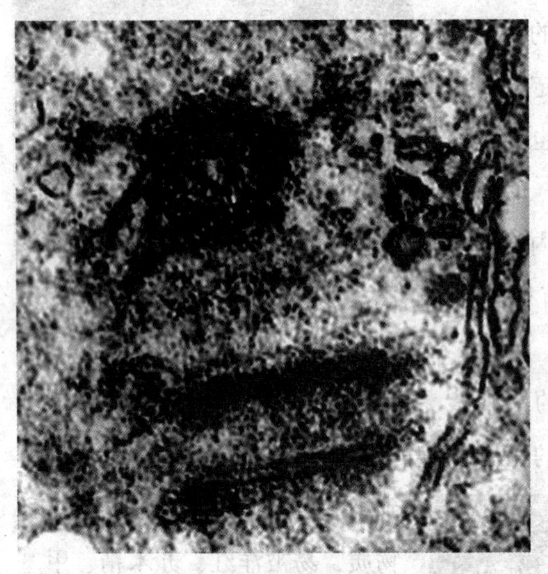

5. 细胞骨架

细胞骨架是指真核细胞中蛋白纤维的网络结构。

细胞骨架由位于细胞质中的微丝、微管和中间纤维构成。微丝确定细胞表面特征，使细胞能够运动和收缩。微管确定膜性细胞器的位置和作为膜泡运输的轨道。中间纤维使细胞具有张力和抗剪切力。

细胞骨架不仅在维持细胞形态、承受外力、保持细胞内部结构有序性方面起重要作用，而且还参与许多重要的生命活动，如：在细胞分裂中细胞骨架牵引染色体分离；在细胞物质运输中，各类小液泡和细胞器可沿着细胞骨架定向运转。

细胞骨架在 20 世纪 60 年代后期才被发现。主要因为早期电镜制样采用低温（0～4℃）固定，而细胞骨架会在低温下解聚。知道采用戊二醛常温固定，人们才逐渐认识到细胞骨架的客观存在。

细胞的重要性

细胞学是研究细胞结构和功能的生物学分支学科。

细胞是组成有机体的形态和功能的基本单位，自身又是由许多部分构成的。所以关于细胞结构的研究不仅要知道它是由哪些部分构成的，而且要进一步搞清每个部分的组成。相应地，关于功能不仅要知道细胞作为一个整体的功能，而且要了解各个部分在功能上的相互关系。

有机体的生理功能和一切生命现象都是以细胞为基础表达的。因此，不论对有机体的遗传、发育以及生理机能的了解，还是对于作为医疗基础的病理学、药理学等以及农业的育种等，细胞学都至关重要。

动物细胞与植物细胞比较

动物细胞与植物细胞相比较，具有很多相似的地方，如动物细胞也具有细胞膜、细胞质、细胞核等结构。但是动物细胞与植物细胞又有一些重要的区别，如动物细胞的最外面是细胞膜，没有细胞壁；动物细胞的细胞质中不含叶绿体，也不形成中央液泡。

总之，不论是植物还是动物，都是由细胞构成的。细胞是生物体结构和功能的基本单位。

细胞的化学成分

组成细胞的基本元素是：O、C、H、N、Si、K、Ca、P、Mg，其中O、C、H、N四种元素占90%以上。细胞化学物质可分为两大类：无机物和有机物。在无机物中水是最主要的成分，约占细胞物质总含量的75%～80%。

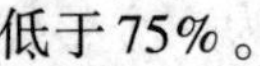

1. **水是原生质最基本的物质**

细胞水在细胞中不仅含量最大，而且由于它具有一些特有的物理化学属性，使其在生命起源和形成细胞有序结构方面起着关键的作用。可以说，没有水，就不会有生命。水在细胞中以两种形式存在：一种是游离水，约占95%；另一种是结合水，通过氢键或其他键同蛋白质结合，约占4%～5%。随着细胞的生长和衰老，细胞的含水量逐渐下降，但是活细胞的含水量不会低于75%。

水在细胞中的主要作用是，溶解无机物、调节温度、参加酶反应、参与物质代谢和形成细胞有序结构。水之所以具有这么多的重要功能是和水的特有属性分不开的。

（1）水分子是偶极子。从化学结构上看，水分子似乎很简单，仅是由2个氢原子和1个氧原子构成（H_2O）。然而水分子中的电荷分布是不对称的，一侧显正电性，另一侧显负电性，从而表现出电极性，是一个典型的偶极子。正由于水分子具有这一特性，它既可以同蛋白质中的正电荷结合，也可以同负电荷结合。蛋白质中每一个氨基酸平均可结合2.6个水分子。

由于水分子具有极性，产生静电作用，因而它是一些离子物质（如无机盐）的良好溶剂。

（2）水分子间可形成氢键。由于水分子是偶极子，因而在水分子之间和水分子与其他极性分子间可建立弱作用力的氢键。在水中每一氧原子可与另两个水分子的氢原子形成两个氢键。氢键作用力很弱，因此分子间的氢键经常处于断开和重建的过程中。

（3）水分子可解离为离子。水分子可解离为氢氧离子（OH^-）和氢离子（H^+）。在标准状况下总有少量水分子解离为离子，大约有107mol/L水分子解

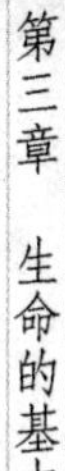

离，相当于每109个水分子中就有2个解离。但是水分子的电解并不稳定，总是处于分子与离子相互转化的动态平衡之中。

2. **无机盐**

细胞中无机盐的含量很少，约占细胞总重的1%。盐在细胞中解离为离子，离子的浓度除了具有调节渗透压和维持酸碱平衡的作用外，还有许多重要的作用。

主要的阴离子有Cl^-、PO_4^-和HCO_3^-，其中磷酸根离子在细胞代谢活动中最为重要：①在各类细胞的能量代谢中起着关键作用；②是核苷酸、磷脂、磷蛋白和磷酸化糖的组成成分；③调节酸碱平衡，对血液和组织液pH起缓冲作用。

主要的阳离子有：Na^+、K^+、Ca^{2+}、Mg^{2+}、Fe^{2+}、Fe^{3+}、Mn^{2+}、Cu^{2+}、Co^{2+}、Mo^{2+}。

细胞的有机分子

细胞中有机物达几千种之多，约占细胞干重的90%以上，它们主要由碳、氢、氧、氮等元素组成。有机物中主要由四大类分子所组成，即蛋白质、核酸、脂类和糖，这些分子约占细胞干重的90%以上。

1. **蛋白质**

在生命活动中，蛋白质是一类极为重要的大分子，几乎各种生命活动无不与蛋白质的存在有关。蛋白质不仅是细胞的主要结构成分，而且更重要的是，生物专有的催化剂——酶是蛋白质，因此细胞的代谢活动离不开蛋白质。一个细胞中约含有104种蛋白质，分子的数量达1011个。

2. **核酸**

核酸是生物遗传信息的载体分子，所有生物均含有核酸。核酸是由核苷酸单体聚合而成的大分子。核酸可分为核糖核酸RNA和脱氧核糖核酸两大类DNA。当温度上升到一定高度时，DNA双链即解离为单链，称为变性（denaturation）或熔解（melting），这一温度称为熔解温度（melting temperature，

Tm)。碱基组成不同的 DNA，熔解温度不一样，含 G-C 对（3 条氢键）多的 DNA，Tm 高；含 A-T 对（2 条氢键）多的，Tm 低。当温度下降到一定温度以下，变性 DNA 的互补单链又可通过在配对碱基间形成氢键，恢复 DNA 的双螺旋结构，这一过程称为复性（renaturation）或退火（annealing）。

DNA 有 3 种主要构象。

（1）B-DNA：为 Watson 和 Click 提出的右手螺旋模型，每圈螺旋 10 个碱基，螺旋扭角为 36°，螺距 34A，每个碱基对的螺旋上升值为 3.4A，碱基倾角为-2°。

（2）A-DNA：为右手螺旋，每圈螺旋 10.9 个碱基，螺旋扭角为 33°，螺距 32A，每个碱基对的螺旋上升值为 2.9A，碱基倾角为 13°。

（3）Z-DNA：为左手螺旋，每圈螺旋 12 个碱基，螺旋扭角为-51°（G-C）和-9°（C-G），螺距 46A，每个碱基对的螺旋上升值为 3.5A（G-C）和 4.1A（C-G），碱基倾角为 9°。

3. 糖类

细胞中的糖类既有单糖，也有多糖。细胞中的单糖是作为能源以及与糖有关的化合物的原料存在。重要的单糖为五碳糖（戊糖）和六碳糖（己糖），其中最主要的五碳糖为核糖，最重要的六碳糖为葡萄糖。葡萄糖不仅是能量代谢的关键单糖，而且是构成多糖的主要单体。

多糖在细胞结构成分中占有主要的地位。细胞中的多糖基本上可分为两类：一类是营养储备多糖；另一类是结构多糖。作为食物储备的多糖主要有两种，在植物细胞中为淀粉（starch），在动物细胞中为糖原（glycogen）。在真核细胞中结构多糖主要有纤维素（cellulose）和几丁质（chitin）。

4. 脂类

脂类包括：脂肪酸、中性脂肪、类固醇、蜡、磷酸甘油酯、鞘脂、糖脂、类胡萝卜素等。脂类化合物难溶于水，而易溶于非极性有机溶剂。

（1）中性脂肪（neutral fat）。

1）甘油酯：它是脂肪酸的羧基同甘油的羟基结合形成的甘油三酯（triglyceride）。甘油酯是动物和植物体内脂肪的主要贮存形式。当体内碳水化合物、蛋白质或脂类过剩时，即可转变成甘油酯贮存起来。甘油酯为能源物质，氧化时可比糖或蛋白质释放出高 2 倍的能量。营养缺乏时，就要动用甘油酯提供能量。

2）蜡：脂肪酸同长链脂肪族一元醇或固醇酯化形成蜡（如蜂蜡）。蜡的碳氢链很长，熔点要高于甘油酯。细胞中不含蜡质，但有的细胞可分泌蜡质。如：植物表皮细胞分泌的蜡膜；同翅目昆虫的蜡腺、如高等动物外耳道的耵聍腺。

（2）磷脂。磷脂对细胞的结构和代谢至关重要，它是构成生物膜的基本成分，也是许多代谢途径的参与者。分为甘油磷脂和鞘磷脂两大类。

（3）糖脂。糖脂也是构成细胞膜的成分，与细胞的识别和表面抗原性有关。

（4）萜类和类固醇类。这两类化合物都是异戊二烯（isoprene）的衍生物，都不含脂肪酸。

生物中主要的萜类化合物有胡萝卜素和维生素 A、维生素 E、维生素 K 等。还有一种多萜醇磷酸酯，它是细胞质中糖基转移酶的载体。

类固醇类（steroids）化合物又称甾类化合物，其中胆固醇是构成膜的成分。另一些甾类化合物是激素类，如雌性激素、雄性激素、肾上腺激素等。

酶与生物催化剂

1. 酶

细胞酶是蛋白质性的催化剂，主要作用是降低化学反应的活化能，增加了反应物分子越过活化能屏障和完成反应的概率。酶的作用机制是，在反应中酶与底物暂时结合，形成了酶——底物活化复合物。这种复合物对活化能的需求量低，因而在单位时间内复合物分子越过活化能屏障的数量就比单纯分子要多。反应完成后，酶分子迅即从酶——底物复合物中解脱出来。

酶的主要特点是：具有高效催化能力、高度特异性和可调性；要求适宜的 pH 和温度；只催化热力学允许的反应，对正负反应的均具有催化能力，实质上是能加速反应达到平衡的速度。

某些酶需要有一种非蛋白质性的辅因子（cofactor）结合才能具有活性。辅因子可以是一种复杂的有机分子，也可以是一种金属离子，或者二者兼有。完全的蛋白质——辅因子复合物称为全酶（holoenzyme）。全酶去掉辅因子，剩下的蛋白质部分称为脱辅基酶蛋白（apoenzyme）。

2. RNA **催化剂**

T·Cech 等 1982 发现四膜虫（Tetrahymena）RNA 的前体物能在没有任何蛋白质参与下进行自我加工，产生成熟的 RNA 产物。这种加工方式称为自我剪接（self splicing）。后来又发现，这种剪下来的 RNA 内含子序列像酶一样，也具有催化活性。此 RNA 序列长约 400 个核苷酸，可折叠成表面复杂的结构。它也能与另一 RNA 分子结合，将其在一定位点切割开，因而将这种具有催化活性的 RNA 序列称为核酶（cribozyme）。后来陆续发现，具有催化活性的 RNA 不只存在于四膜虫，而是普遍存在于原核和真核生物中。一个典型的例子核糖体的肽基转移酶，过去一直认为催化肽链合成的是核糖体中蛋白质的作用，但事实上具有肽基转移酶活性和催化形成肽键的成分是 RNA，而不是蛋白质，核糖体中的蛋白质只起支架作用。

细胞的生命活动

细胞的生命活动包括以下几种。

（1）细胞生长。结果：使细胞逐渐变大。

（2）细胞分裂。结果：使细胞数量增多。

（3）细胞分化。结果：形成不同功能的细胞群（组织）。

真 核 细 胞

真核细胞指含有真核（被核膜包围的核）的细胞。其染色体数在一个以上，能进行有丝分裂。还能进行原生质流动和变形运动。而光合作用和氧化

磷酸化作用则分别由叶绿体和线粒体进行。除细菌和蓝藻植物的细胞以外，所有的动物细胞以及植物细胞都属于真核细胞。由真核细胞构成的生物称为真核生物。在真核细胞的核中，DNA 与组蛋白等蛋白质共同组成染色体结构，在核内可看到核仁。在细胞质内膜系统很发达，存在着内质网、高尔基体、线粒体和溶酶体等细胞器，分别行使特异的功能。

真核生物包括我们熟悉的动植物以及微小的原生动物、单细胞海藻、真菌、苔藓等。真核细胞具有一个或多个由双膜包裹的细胞核，遗传物质包含于核中，并以染色体的形式存在。染色体由少量的组蛋白及某些富含精氨酸和赖氨酸的碱性蛋白质构成。真核生物进行有性繁殖，并进行有丝分裂。

原核细胞

原核细胞（prokaryotic cell）没有核膜，遗传物质集中在一个没有明确界限的低电子密度区，称为拟核（nucleoid）。DNA 为裸露的环状分子，通常没有结合蛋白，环的直径约为 2.5nm，周长约几十纳米。大多数原核生物没有恒定的内膜系统，核糖体为 70S 型，原核细胞构成的生物称为原核生物，均为单细胞生物。

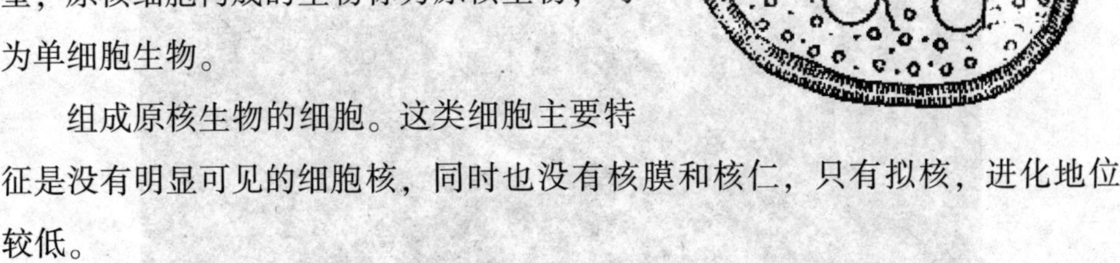

组成原核生物的细胞。这类细胞主要特征是没有明显可见的细胞核，同时也没有核膜和核仁，只有拟核，进化地位较低。

原核细胞指没有核膜且不进行有丝分裂、减数分裂、无丝分裂的细胞。这种细胞不发生原生质流动，观察不到变形虫样运动。鞭毛（flagellum）呈单一的结构。光合作用、氧化磷酸化在细胞膜进行，没有叶绿体（chloroplast）、线粒体（mitochondria）等细胞器（organelle）的分化，只有核糖体。由这种细胞构成的生物，称为原核生物，它包括所有的细菌和蓝藻类。即构成细菌和蓝藻等低等生物体的细胞。它没有真正的细胞核（nucleus），只有原核或拟核，所含的一个基因带（或染色体），是环状双股单一顺序的脱氧核糖核酸（DNA）分子，没有组蛋白（histone）与之结合无核仁（nucleolus），缺乏核膜（nuclear envelope）。外层原生质中有70S核糖体与中间体，缺乏高尔基体（Golgi）、内质网（E. R.）、线粒体和中心体（centrosome）等。转录和转译（transcriptionand translation）同时进行，四周质膜内含有呼吸酶。无有丝分裂（mitosis）和减数分裂（meiosis），脱氧核糖核酸（DNA）复制后，细胞随即分裂为二。

古核细胞

古核细胞也称古细菌（archaebacteria）：是一类很特殊的细菌，多生活在极端的生态环境中。具有原核生物的某些特征，如无核膜及内膜系统；也有真核生物的特征，如以甲硫氨酸起始蛋白质的合成、核糖体对氯霉素不敏感、RNA聚合酶和真核细胞的相似、DNA具有内含子并结合组蛋白；此外还具有既不同于原核细胞也不同于真核细胞的特征，如：细胞膜中的脂类是不可皂

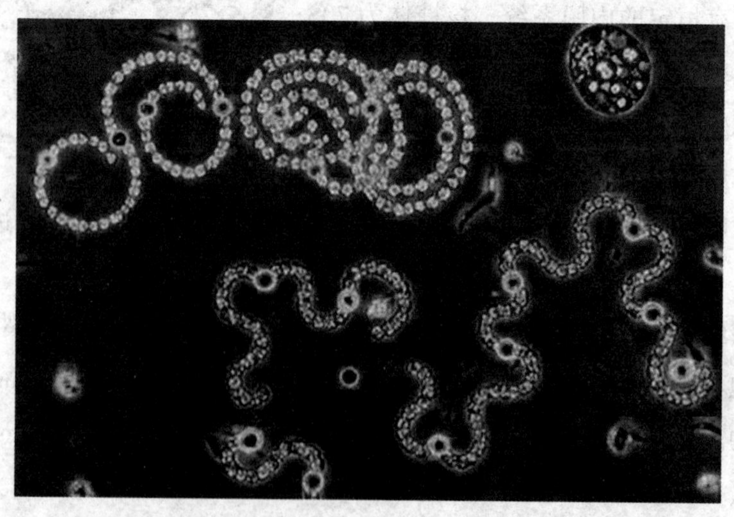

化的；细胞壁不含肽聚糖，有的以蛋白质为主，有的含杂多糖，有的类似于肽聚糖，但都不含胞壁酸、D型氨基酸和二氨基庚二酸。

极端嗜热菌（themophiles）：能生长在90℃以上的高温环境。如斯坦福大学科学家发现的古细菌，最适生长温度为100℃，80℃以下即失活，德国的斯梯特（K. Stetter）研究组在意大利海底发现的一族古细菌，能生活在110℃以上高温中，最适生长温度为98℃，降至84℃即停止生长；美国的J. A. Baross发现一些从火山口中分离出的细菌可以生活在250℃的环境中。嗜热菌的营养范围很广，多为异养菌，其中许多能将硫氧化以取得能量。

极端嗜盐菌（extremehalophiles）：生活在高盐度环境中，盐度可达25%，如死海和盐湖中。

极端嗜酸菌（acidophiles）：能生活在pH为1以下的环境中，往往也是嗜高温菌，生活在火山地区的酸性热水中，能氧化硫，硫酸作为代谢产物排出体外。

极端嗜碱菌（alkaliphiles）：多数生活在盐碱湖或碱湖、碱池中，生活环境pH值可达11.5以上，最适pH8～10。

产甲烷菌（metnanogens）：是严格厌氧的生物，能利用CO_2使H_2氧化，生成甲烷，同时释放能量。

$$CO_2+4H_2 \rightarrow CH_4+2H_2O+\text{能量}$$

由于古细菌所栖息的环境和地球发生的早期有相似之处，如：高温、缺氧，而且由于古细菌在结构和代谢上的特殊性，它们可能代表最古老的细菌。它们保持了古老的形态，很早就和其他细菌分手了。所以人们提出将古细菌从原核生物中分出，成为与原核生物即真细菌（eubacteria）、真核生物并列的一类。

细胞的形成原因

40 亿年前，地球开始从激烈的天体撞击中解脱出来。它慢慢冷却到可以让水在它的表面凝结。岛屿从太古的大洋中升起，扩展成大陆。大地一片荒芜，水中也全无生息，但世界并不平静。在剧烈的火山活动中，年轻的地球留下一个个炽热的喷发着浓云和烟尘的火山口。水从深深的裂谷漏入地球的熔核，然后又迸发升腾而起，高压、灼热并裹携着从沸腾的岩浆中冒出的蒸汽。

最初的元素

碳（C）、氢（H）、氮（N）、氧（O）、磷（P）、硫（S），这 6 种元素组成的不计其数的分子构成了生命物质的主体，它们也是生命化学起源中的主角。可这些元素是以怎样的姿态从远古的环境中走进生命的呢？

40 亿年前地球大气层中没有氧气存在。游离氧是生命的产物，这是科学上不争的事实。原始大气的组成依然是一个争论的问题。长期以来有一种观点，由于著名的尤里—米勒实验而盛行起来，即大气中包含氢气（H\ -2）、甲烷（CH\ -4）、氨（NH_3）

和水蒸气（H_2O），因而富含氢。这种观点已受到严重怀疑。实际上，米勒实验最主要的贡献是为原始环境中由无机分子合成有机物的可能性提供了一种证据，而不是去证明原始大气中存在哪些物质。

很多专家认为，碳可能不是以和氢化合的形式（甲烷）而是以和氧化合的形式存在（主要是二氧化碳 CO_2）。氮很可能是以分子氮（N_2）或者是一种或几种与氧化合的形式存在，而不是以氨存在。氢气最多也只有极少量。

那么磷呢？这种元素作为生物体中很多重要分子的组分，尤其是磷酸的组分，在太古时候是怎么存在的？令人奇怪的是在现今物质世界，至少在自然溶液中很难发现磷酸盐的存在。地球上有丰富的磷，但却被固锁在不溶于水的磷酸钙中，构成磷灰石矿。在海水和淡水中磷酸盐的含量也极低。稀有的磷酸盐分子如何起到生物学中心作用？这是一个有趣的问题。其中一个可能回答是酸性，当磷灰石暴露在哪怕是很弱的酸性介质中时也能轻易地释放出磷酸。或许，太古时代的水环境就具有这样的酸性。

另外，从现存火山口附近的气体分析来看，拥有特殊的臭鸡蛋气味的硫化氢气体让人印象深刻。既然太古时期的地球上火山林立，我们有什么理由排除这样一种可能性：当时的大气中含有硫化氢？

合适的温度

在生命出现之前，地球上的温度有多高？

现在还没有多少令人信服的确凿证据。不过在那种环境下，气候宜人的可能性不大。于是，许多化学家猜测原始生命可能喜欢寒冷环境，甚至低于冰点。因为温度是一个严格限制生物分子寿命的因素，很多重要的生物分子，如蛋白质等，在高温下都会被不同程度地破坏。

但是，很多地质学家却并不愿意相信一个冰冷的前生命世界。他们认为当时的温度比较高，可能接近水的沸点或更高。只是因为处在比现在更高的大气压下，水还没有沸腾。这种高温高压的水环境在今天大洋深处的一些火山口附近仍有发现，而在太古时代，这样的水下火山口可能更多。而且，现今所发现的最古老的生物，正是生活在这样的火山口或温度高达 110℃ 的火山喷泉里的细菌。这也告诉我们，生命可能有一个滚烫的摇篮。

太阳的功劳

还有一个问题，当时地球上的阳光又如何呢？

太阳给生命的长河注入了源源不断的能量，但它在 40 亿年前并没有像现在那么“温暖”，送给地球的光能比现在少 25% 左右。不过这可能被大气中二氧化碳的温室效应所抵消，因为当时二氧化碳的浓度可能比现在高 100 倍以上。

尽管当时的太阳还比较“冷”，但紫外辐射可能还是很强的。因为那时候大气中没有氧气，所以也就没有可以大量吸收紫外光的臭氧保护层。

水和生命

在遥远的太古时代，地球上有了丰富的水，这是生命得以孕育、产生和发展的至关重要的因素。但是，当时覆盖在地球表面的水可能非常灼热，也可能酸得够呛，而且还富含着从地球深处不断翻涌上来的各种矿物质，包括亚铁盐、磷酸盐等。

在水的上空，大气中聚集着二氧化碳、氮气、硫化氢和水蒸气，有可能氢气很少。阳光几乎毫无阻挡地照耀着年轻的地球表面，整个水面就笼罩在紫外线、可见光和高浓度二氧化碳捕捉到的红外线中。

在这样一个星球上，有两种环境萌动着生命的希望：一是水体的浅表处，这里充分享受着“日光浴”，借助太阳送来的能量发生变化，很多物质被浓缩着；另一个地方是在黑暗的深水下的火山口，这里聚集着来自地球内部的各种物质，利用火山口特殊的环境条件，悄无声息地酝酿着各种化学变化。当然，生命的产生或许并不是简单地在这两个环境中独立完成，也可能它们只创造出了某些生命构件，而这些构件架起生命的殿堂则可能是这两种环境共

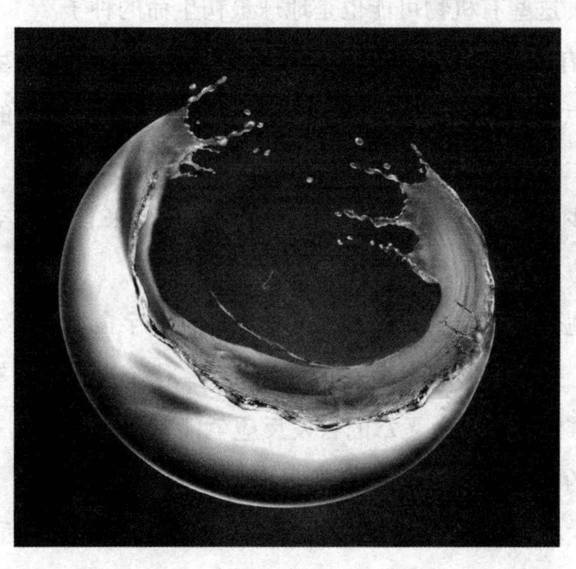

同完成的杰作。

有了上面提到的这些物质和环境，似乎我们该考虑下一个问题了：这些物质在这样的环境中究竟是怎样变成有机物甚至是生物体的呢？

我们可能很快就想到了尤里—米勒实验，这个经典的实验为我们描绘了一种令人欣喜的可能性：远古时代的那些无机物是怎么在雷电交加中形成了生命所必需的有机物。

然而，这个实验条件的可靠性现在却受到严重质疑。前生命大气中存在的氢远不如尤里设想的那样丰富。而且如果在这个实验中用二氧化碳代替混合气体中的甲烷，分子氮代替氨，并且排除分子氢，有机物的产生实际上趋向于零。而这样的大气组成恰恰正是最新的观点。当然，对早期大气组成的估计现在还没有下定论，在未来还可能再次修改。

另一方面，光谱学的研究发现，在宇宙空间弥漫着极其稀薄的星际尘埃，其中包含着相当数量的潜在生命分子，主要是含碳、氢、氮、氧的一些物质，有时还有硫和硅。彗星也附带着含有各种有机物的尘埃和冰块。在某些陨石中，还发现了一定数量的氨基酸。这些都让我们想到另一种可能性：在“天外来客”经常光顾地球的太古时代，它们会不会给地球上生命的诞生带来了必需的有机物？这些有机物可能也是地球最初生命的种子。

1996 年，有些科学家甚至在火星陨石中还发现了类似微生物活动过的遗迹。如果这一点得到肯定，那么在地球生命出现之前，那样的陨石也可能曾经掉落到地球上来。

究竟有多少有机物是地球自己制造的，有多少来自宇宙空间？这还存在着极大的争论。

但不管是地球自己制造有机物，还是有机物在宇宙空间事先形成，从无机物变成有机物，并进而形成高度复杂的生命体，这个过程总该有什么东西在催化着。因为很难想象，杂乱无章的自发反应就能完成生命的创造，尤其是生物体中很多重要的化学反应在无机自然界中根本不会自发进行。就算能够进行，也还有一个速度和效率的问题。那么催动着原始生命诞生的东西究竟是什么呢？

细胞的组成单位——蛋白质

蛋白质的形成

人们很快便想到酶，想到蛋白质。诚然，从今天的生物界来看，无论从组成生物体的结构来看，还是从行使各种生理功能的需要来看，蛋白质的重要地位不可动摇。

似乎可以理所当然地推断，有了组成生物体的基本元素之后，下一步就应该是形成蛋白质了。因为很难想象，如果没有蛋白质，现在的生物界会是什么样子。

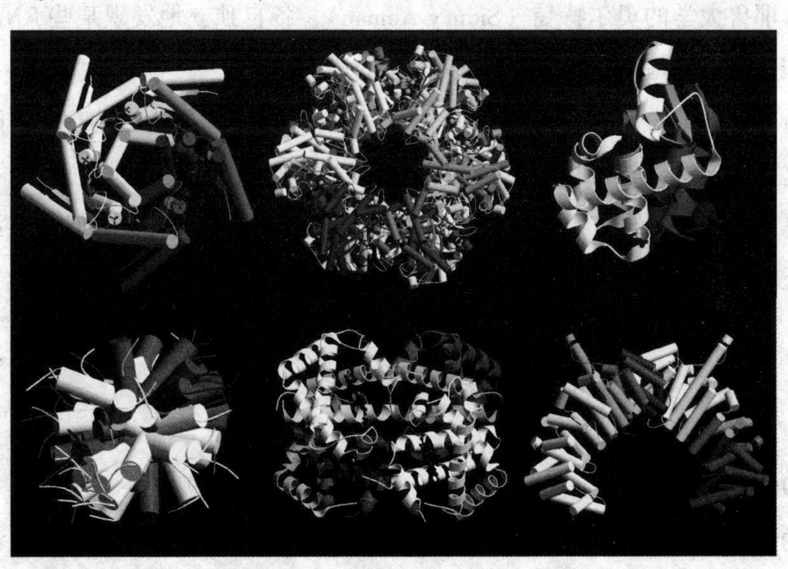

可是再一想，蛋白质怎么形成呢？按照现在我们所发现的情况，它的合成需要核糖核酸（RNA）的指导。这样看来，该先有 RNA 了。可如果我们不怕麻烦再想一想，RNA 的形成难道不需要酶的催化吗？没有蛋白质能行吗？

这样一来就比较尴尬了，我们在探寻“谁是最初的生物催化剂”这个问题的答案时，不知不觉陷入了一个类似“先有鸡还是先有蛋”的问题。

自从克里克提出了“中心法则”之后，人们就想借此来解决这个棘手的且又无法回避的尴尬问题。按照这个中心法则，合成蛋白质的信息只能从核酸流向蛋白质，而不会反过来。这样一来，RNA 先于蛋白质出现在地球上就成了理所当然的答案了。可是中心法则毕竟只是一个推断，我们需要证据才能确定它是不是一个自然法则。幸好现在的科学研究为它寻找证据已经不是什么太难的事情了。

在人们为暂时解决了这个“孰先孰后”的问题而欣喜的时候，确定最初的生物催化剂的任务还没有完成。既然先有 RNA 后有蛋白质，那么在蛋白质尚未出现，没有蛋白质酶的帮助下，RNA 又是怎么形成的，特定的 RNA 又是怎么一代代传下来的？

20 世纪 80 年代初，来自美国博尔德科罗拉多大学的切赫（Thomas Cech）和来自耶鲁大学的奥尔特曼（Sidney Ahman），各自独立地发现某些 RNA 分子具有催化活性。他们因此分享了 1991 年的诺贝尔奖。

所以，在太古时代，一个 RNA 催化另一个 RNA 的形成也就有了可能性。

这样，支持“先有 RNA 再有蛋白质”这一观点的追随者就更多了。而且，人们也在探寻最初的生物催化剂的道路上，向前迈进了一大步。但是还没有充分的证据可以让我们相信，早期的 RNA 也能够催化后来出现的蛋白质的合成。

新的催化剂

1958 年，美国生物化学家福克斯（Sidney Fox）发现了一个配方：只要把干燥的氨基酸混合物在 170℃加热，就能得到一种塑料样的固体，当把它研碎

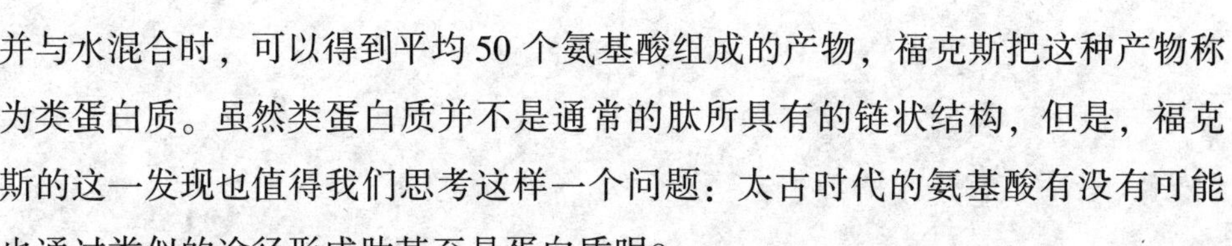

并与水混合时，可以得到平均50个氨基酸组成的产物，福克斯把这种产物称为类蛋白质。虽然类蛋白质并不是通常的肽所具有的链状结构，但是，福克斯的这一发现也值得我们思考这样一个问题：太古时代的氨基酸有没有可能也通过类似的途径形成肽甚至是蛋白质呢？

当然，也有人心存疑虑，认为福克斯得到类蛋白质的条件在太古时代不太可能实现，而且类蛋白质和蛋白质还相去甚远。

1951年，德国化学家维兰德（Theodoi Wieland）的一个发现令人惊喜。那时，生物化学家已经发现了硫酯键（–s–CO–），这种化学键在今天存活的全部生物中都至关重要。

我们知道，一个醇类的羟基（–OH）与一个有机酸的羧基（–COOH）之间脱水就可以形成一个酯键（–O–CO–）。与之相似，一个巯基化合物（含–SH）和一个酸脱水相连，就形成一个硫酯键。

维兰德就用这个方法，把氨基酸和一种巯基化合物合成了氨基酸硫酯，然后把它们简单地投入水中，结果肽形成了！而巯基化合物又被释放出来。值得注意的是，这个过程中没有蛋白质酶的参与。

更让人惊喜的是，几年后，美国生物化学家、生物力能学之父李普曼（Fritz Lipmann）发现了某些细菌肽（例如一种叫做短杆菌肽的抗生素），就是由硫酯自然合成的。因此，李普曼提出，依赖硫酯的肽可能早于依赖RNA的蛋白质。

因此，硫酯在生命发展过程中起到了关键性的作用。形成硫酯所需要的巯基也可能从前生命世界中存在的硫化氢气体（H\ –2S）衍生而来。巯基化合物可能是在前生命世界中播下生命种子的有机分子之一。

探幽生命能源

生命的诞生，仅有物质上的准备还远远不够，能量是另一个关键性的因素。

在生命出现之前，地球上同样存在着各种形式的能量，如太阳光、放电、地震波、热能，以及各种化学反应释放的能量，等等。众所周知，热能不能被生物直接利用来完成生命活动，也就是说，生命对能源的利用是有选择性的。在众多的能源中，最初的生命利用的究竟是哪一种？

如果是在今天，绿色植物依靠叶绿素可以利用光能。但是，叶绿素是一种复杂的分子，而且只靠叶绿素也无法完成对光能的利用，还必须联合位于叶绿体类囊体膜上的其他很多复杂分子才行。这样复杂的系统在生命形成初期是不太可能存在的。

但是，我们总可以从现存绿色植物的光合作用中找到一些蛛丝马迹。叶绿素对光能的利用，最初实际上是借助光能产生高能电子，并从水中分离出氢。这一步对光合作用来说至关重要，也是其他后续反应得以顺利进行的前提条件。那么在原始环境中，没有叶绿素这样的复杂分子的帮助，有可能利用光能吗？

科学家们注意到了前生命世界的海洋中大量存在的亚铁离子（Fe\ +2+），这种离子在水溶液中，如果给予足够的紫外线照射，就能放出高能电子从而变成铁离子（Fe\ +3+），并把氢从水中分离出来。考虑到当时的地球暴露在强烈的紫外辐射之下，这个反应的条件实在是太容易满足了。

这个反应可能曾经大量进行的证据之一就是磁铁矿。这是一种亚铁离子

和铁离子的氧化物所组成的混合物，存在于 15 亿 ~ 35 亿年前形成的富铁地层中。通常认为它是亚铁与利用光能的细菌产生的氧相互作用的结果，但紫外线供能的反应也可能参与它的形成。

高能电子的另一种可能来源是硫化氢，它也是前生命世界的地球上可能广泛存在的物质。硫化氢在水溶液中可以形成硫氢根离子（SH^-），科学家发现，在亚铁离子存在的情况下，两个硫氢根离子可以形成二硫阴离子（S\ -2 \ +\ +2-）并放出氢分子。而 S\ -2 \ +\ +2- 与 Fe\ +2+ 可以产生二硫化亚铁（FeS_2）沉淀，这正是黄铁矿的组成成分。

上面两种可能性或许在同一个环境中都存在，也可能同时发生在不同的环境中，确切地说，紫外线供能的反应可能只发生在水的表层，而生成黄铁矿的反应则可能发生在黑暗的大洋深处。

有趣的是，在现存生物中，铁和硫都是参与电子传递反应的催化剂的关键成分。这类催化剂的最原始形式，很可能是被称为铁硫蛋白的蛋白质。其催化中心是被硫原子包围的一个铁原子，价态在二价铁和三价铁之间摆动。

有了高能电子，就为以后生物体内形成 ATP 准备好了能量源泉。而 ATP 中所含的高能磷酸键正是生物体内各种化学反应所需能量的直接来源。

但是，在前生命世界，ATP 还是一个过于复杂的分子，而当时已经存在的无机焦磷酸（PPi）可能比 ATP 更早地担当起这一重任。虽然无机焦磷酸盐中的焦磷酸键不如 ATP 中的高能磷酸键那么强大，但在很多反应中已经足以替代 ATP 了。在现在的生物世界中能找到很多证据，证明无机焦磷酸盐可以行使和 ATP 同样的基本功能。

此外，科学家们还发现，硫酯可能是早期生命形成过程中很多化学反应所需能量的又一个重要来源，这不仅是因为硫酯可能较早地存在于地球上，更重要的是它在能量上基本等同于 ATP，硫酯键同样也是一个高能键。

信息的大使

刚刚说到 ATP 在现存生物体的能量代谢中扮演了极其重要的角色，它好比是众多需能反应的通用能量货币。但是，与之结构相似的 GTP、CTP、UTP 也拥有和 ATP 相类似的高能磷酸键，而且也可以为需能反应提供能量，为什么担当这一能量货币角色的是 ATP 呢？原因很简单，因为 ATP 所拥有的腺嘌呤恰好先于其他几种碱基出现，也最容易在非生物状态下合成。

但是，ATP 的作用恐怕还远不止于此。

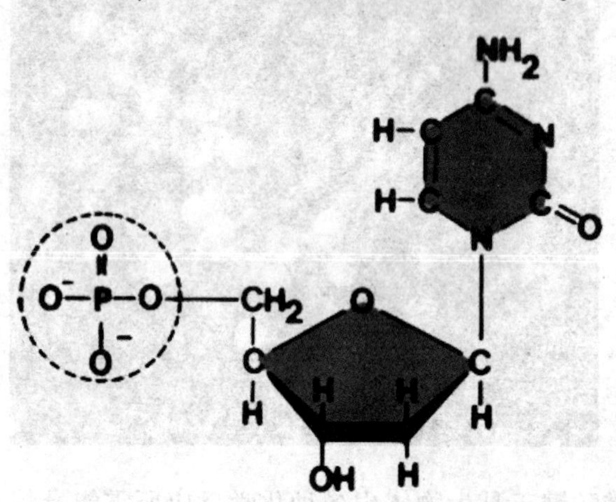

ATP 的前身 AMP 是组成 RNA 的核苷酸之一，与之相似的 GMP、CMP、UMP 则是另外 3 种，它们分别是 GTF、CTP、UTP 的前身。难道它们的存在与 RNA 的形成仅仅是毫不相干的巧合吗？

科学家们更愿意大胆地猜测这样一种可能性：在 RNA 尚未形成之前，存在着这样一种可能的反应，即两个 ATP 之间通过缩合反应形成 ATP-AMP，并放出焦磷酸（PPi）。然后，第三个 ATP 还可以与 ATT-AMP 缩合，形成 ATP-AMP-AMP。这样的反应依次进行下去，就可以得到任意长度的 ATP-AMP-AMP-AMP-AMP-…长链分子。这并不是随意的瞎猜，因为这样的反应实际上就存在于很多活细胞中，而且在 RNA 分子的一端也的确

发现了这样的长链分子。

只要 AMP 出现以后，鸟嘌呤、胞嘧啶、尿嘧啶分别去取代 AMP 中的腺嘌呤，就能得到 GMP、CMP、UMP，这些反应已经通过科学家的研究而被弄清楚了。然后它们从 ATP 中获得磷酸根，就变成了 GTP、CTP、UTP。这样一来，上面所提到的 ATP 之间缩合成长链的反应就可以类似地在 ATP、GTP、CTP、UTP 这四种分子之间进行了，得到的长链分子同时具有四种碱基，最初的 RNA 就诞生了。当然，这时候的 RNA 可能还不带有现在生物体中的信息，而只是这些碱基的杂乱组合，但毕竟有了。由于 RNA 出现，生命的形成就又向前跨出了一大步。换句话说，生物信息在形成之前已经有了承载它们的物质基础。

生命的复制

所有的生物之所以能够代代相传，都是建立在一个模板的基础上，可以把上一代的信息传递给下一代，并在下一代中表现出来，也就是所谓的遗传。

在现存的绝大多数生物中，遗传模板都由 DNA（脱氧核糖核酸）来担当。它与 RNA 关系密切，也是由 4 种不同的核苷酸组成，核苷酸的顺序决定了它所包含的各种信息。

那么这“亲密”的“两兄弟”到底是谁先出生的呢？

从克里克的中心法则来看，DNA 转录形成 RNA。这样的话，DNA 应该早于 RNA 出现。可是，DNA 复制和转录过程中所需要的蛋白质酶又必须在 RNA 的指导下才能合成，似乎 RNA 又该早于 DNA 出现。糟糕，又是一个“鸡和蛋的故事”！

不过我们好像忽略了一个非常重要的问题：DNA 没有催化功能，脱离了 RNA 和蛋白质，它无法独立完成复制和转录，这是它的一大弱点，也导致它不可能先于 RNA 出现。可是这对于 RNA 来说却不成问题，它的催化功能已经在现存生物中被发现。

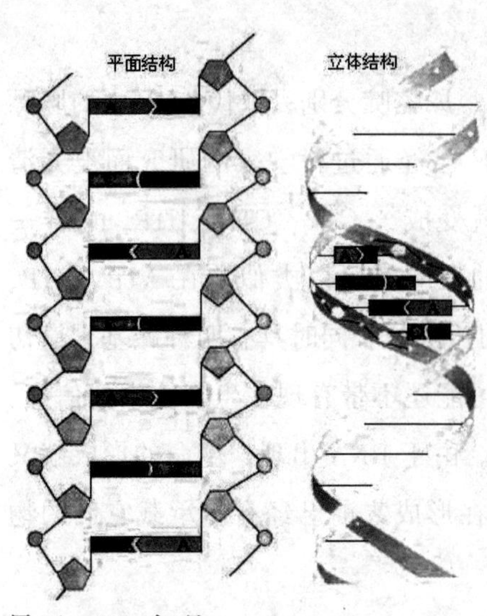

但是，如果是 RNA 先出现，那么它就必须先解决一个问题，也就是说，它必须能够自我复制，并承担遗传信息载体的角色，否则就不可能让它代代相传。事实又怎样呢？

已经发现，在某些病毒中，如脊髓灰质炎病毒，RNA 就是遗传信息的储存者。它和它所编码的蛋白质就能完成 RNA 的复制，而并没有 DNA 的参与。

于是，科学家们相信，RNA 很可能早于 DNA 出现。

而且，即使在现代的生物系统中，核苷酸的生物合成也是首先从糖、氨基酸、二氧化碳等小分子物质合成出 RNA 的前体——核糖核苷酸，然后再由核糖核苷酸通过还原反应去氧后生成 DNA 的前体——脱氧核糖核苷酸。

DNA 和 RNA

在生命的历史长河中，既然 RNA 比蛋白质和 DNA 都出现得更早，那么在生命最初形成的过程中，就有了一个 RNA 一统天下的时期。

在当时的 RNA 世界中，RNA 本身能进行自我复制，并能完成一些简单的生命活动，是一种集遗传信息储存、催化生物化学反应等功能于一身的分子。

但是，在现代生命系统中，DNA 是至高无上的统治者，它是地球上绝大多数生物的遗传物质。而且，生物的遗传和催化功能已经发生了分离。那么早期的 RNA 作为遗传信息储存者的权力为什么被 DNA 夺走了？RNA 的催化功能为什么也被蛋白质取代了？

从化学的角度来看，RNA 比较容易降解，而 DNA 具有比 RNA 更加稳定的结构。因此，在长期的自然选择中，DNA 比 RNA 更适合于作为遗传信息的

永久载体。

实际上，RNA 通过“反转录”的过程，也就是和转录方向相反的过程，就可以把它的遗传信息完整地传递给 DNA。在早期没有蛋白质酶存在的情况下，反转录很可能由某种 RNA 酶催化。

从分子结构来看，蛋白质的结构比 RNA 更加多样化，而多样化的结构正是生物催化剂多样性和专一性的重要基础。因此，蛋白质比 RNA 更适合于催化种类各异的生物化学反应。

这样一来，等到 DNA 和蛋白质出现以后，RNA 一统天下的局面就会或早或晚地被 RNA、DNA、蛋白质这种三元系统所取代，形成三足鼎立的局势。

但是，RNA 并没有完全退出生命的历史舞台。事实上，在现今的生物世界，RNA 仍然起着非常重要的作用。

在遗传信息的传递方面，绝大多数生物必须以 RNA 作为中介，把遗传信息从 DNA 传递到蛋白质，使 DNA 所储存的遗传信息和蛋白质之间建立一种对应关系（信使 RNA 的功能）。

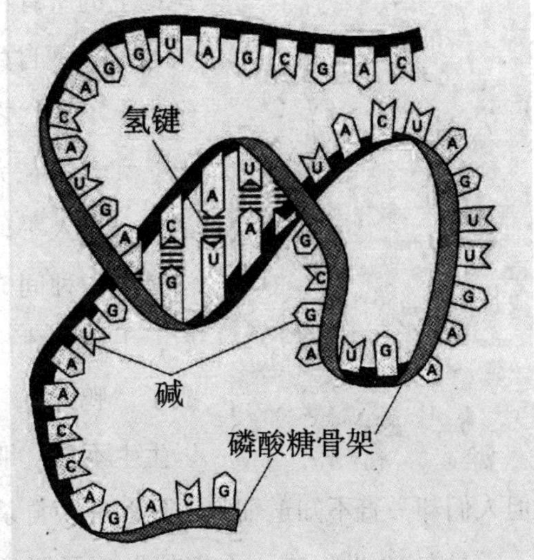

而且，RNA 还参与了蛋白质合成过程中氨基酸的运输（转运 RNA 的功能）以及肽链的延伸反应（核糖体 RNA 的功能）。

此外，作为 RNA 结构单位的核糖核苷酸及其衍生物，在现代生物的新陈代谢中也具有十分重要的作用。例如，生物体各种生命活动的直接能量来源是三磷腺苷（ATP），细胞内传递代谢信息的信使是环腺苷酸（cAMP）、环鸟苷酸（cGMP）等。

这些或许就是远古“RNA 世界”残留下来的遗迹。

细胞的新陈代谢

秋天到了，树叶必然凋落。科学家比喻说，人与树木一样，人体中的细胞会如树叶般地慢慢枯黄、凋零与死去，这就是“细胞凋亡”。的确，就像四季来临时草木万物的生长、发育、成熟、凋亡一样，动物体细胞的死亡是编好了程序的。因此，医学家又称之为“程序性细胞死亡”。蝌蚪要变成青蛙，尾巴上的所有细胞为适应整体需要而“集体自杀”。人也一样，自生命在子宫中诞生的那一刻起，就已经走上了死亡之路。在神经系统发育过程中，原结、原条和脊索在完成了各自的使命后，便逐一退化和消失；在人手的发生发展过程中，手板上出现的凹沟是由一种间充质组织形成，只有当这种细胞死亡后，手板上才出现裂缝，手指形成，否则，人手就成了“鸭蹼”。正是在死亡与生存的平衡中，生命得以生生不息。细胞死亡的现象早已被人们所观察到，但人们却一直不知道细胞实际上是“自杀”的。

早在19世纪末，人们就发现了胚胎正常发育过程中有细胞死亡。1951年，有科学家提出正常脊椎动物发育中的细胞死亡。1966年，人们又提出在形态发生学中细胞死亡。但是提出细胞“自杀”死亡（凋亡理论）的，却是苏格兰爱丁堡大学的安德鲁·威利教授。在他以后，伦敦大学马丁·瑞福教授发展了该理论。1965年，威利及其同事为了弄清门静脉在肝细胞中供血的区域（门静脉是供应肝细胞营养的主要血管之一），进行了一个实验。他们结

扎了大鼠的门脉静左支，发现数小时内大鼠肝左叶开始出现大片的细胞肿胀，细胞核解体；随即大量炎性细胞聚集在坏死细胞周围，肝细胞很快就像气球爆炸一样四分五裂，熔解、死亡。这即是典型的细胞缺血性死亡，但周边部分的细胞仍然由肝动脉供血而存活。这个实验达到了预期的目的，确定了门静脉左支的供血范围。但接下来的事却让威利等人始料未及。2 周后，当威利教授再去观察这些细胞时，却意外地发现，坏死区的细胞已被巨噬细胞打扫干净，但是在坏死区的周围，许多存活的细胞却开始变小、变圆、皱缩，细胞核高度浓缩；最后，这些细胞裂解为碎片，被周围存活的细胞吞噬分解。

威利等人注意到，这是一种完全不同于缺血性坏死的死亡方式。这种生理性死亡中细胞膜没有破裂，没有将胞质成分释放入细胞外间质中，故避免了炎症反应和自动免疫反应的发生；发生死亡的细胞不是肿胀，而是收缩，变圆；不是熔解，而是形成裂解成多个由膜包裹的凋亡小体（apoptotic body），并很快被巨噬细胞或相邻细胞吞噬；这些死亡的细胞并不是成片聚集，而是如同汪洋大海中的一片孤舟，散居于健康的细胞群中间；不是由某些外界因素导致细胞的急速死亡，而是由一定生理或病理条件下遵循自身程序的细胞死亡。这些异常的现象引起了威利的浓厚兴趣，经过几年的潜心研究，他于 1972 年发表了相关的研究文章，指出这是细胞死亡的一种特殊形式，它广泛存在于从蠕虫到人的各个进化阶段，是一种基本生物学现象。它不同于坏死，而是一种生理性、主动性细胞的“自觉的自杀行为”，犹如秋天片片树叶的“凋落”。为了形象地描述这种特殊类型的细胞死亡，他将之命名为“细胞凋亡”（apoptosis）。由于这种死亡方式是由基因调控的死亡过程，似乎是按编好了的“程序”进行的，所以又称“程序性细胞死亡”（programmed cell death）。当然，两个概念描述的角度不同。“细胞凋亡”是一个形态学术语，描述了一整套与坏死不同的形态学特征；而程序性细胞死亡为一功能性术语，是指由细胞内特定基因的程序性表达介导的细胞死亡。

自威利 20 世纪 70 年代提出“细胞凋亡”以来，在 40 多年的时间中，对“细胞凋亡”的研究已成为生物学及医学界的一个热点。科学家们普遍认定这

个自杀程序是动物细胞的基本性质之一，但是科学家一直在苦苦地追寻：是“谁”精心设计了这个精密的程序？“谁”是这场死亡之剧的幕后主宰者？经过几十年的研究发现，细胞凋亡和细胞生长一样，受一系列基因及其表达产物的有序调控。在哺乳类动物细胞中，人们也已经认识到了一些基因及其产物参与了细胞凋亡的调节。以下这些基因，是现在可以了解细胞凋亡的一些蛛丝马迹。首先是 bcl-2 基因。它是细胞凋亡的重要抑制基因。人们发现，它有着维持细胞存活而阻止细胞死亡的作用，即通过阻止细胞皱缩及 DNA 裂解，阻抑凋亡发生。人们似乎由此看到了永生不死的秘诀：细胞在它的作用下可以永不死亡。但是，正是它造成了各种肿瘤病的产生，肿瘤患者却对之躲避不及。要知道，肿瘤细胞所表达的 bcl-2 的程度越高，则肿瘤的恶性程度越高。科学家设想，如果从癌细胞和肿瘤细胞中去除 bcl-2 基因，则可以根治这些疾病。其次是 P53 基因。它是由苏格兰顿帝大学的大卫·兰教授发现的。现已证明，P53 蛋白在某些细胞凋亡途径中是不可缺少的成分；它的作用正好与 bcl-2 相反，正常的 P53 基因（Wtp53）具有促进细胞凋亡的作用。目前的观点认为，P53 蛋白的功能在于监督 DNA 的完整性，一旦发现 DNA 损伤或病变后，就使细胞分裂停滞，从而有助于 DNA 修复。如一旦修复失败，P53 基因就会启动细胞凋亡通路，以清除无用的或者有害的细胞。形象一点说，它实际充当了“分子警察”的角色。正是由于它在诱导细胞发生凋亡中起的关键作用，所以科学家们对它倍加青睐：它能够促使癌变细胞按要求快速地凋亡，人们似乎看到了用 P53 治疗癌症和增生性疾病的曙光。

大卫·兰教授及其他研究人员正与一些制药公司合作，寻找恢复癌细胞 P53 活性的方法，从而促使癌细胞自杀。诱发细胞凋亡的药物与现有的化疗药物相比，具有更好的疗效、更小的副作用。再次是 c-myc 基因。它“见风使舵”，具有促进细胞增殖和凋亡的双重效应。c-myc 在有生长因子参与时，促进癌细胞增殖；但在缺乏生长因子时，可调节癌细胞凋亡。据推测，c-myc 与一些致癌因素共同作用有增殖作用；与凋亡效应物质共同作用时则促进凋亡发生。最后是 Fas 基因。Fas 抗原也不可小视，它是一种从组织细胞中分离出

来的停留在细胞膜上的蛋白质。它一头在膜内，一头在膜外，是为了寻求它的配体 Fasl；当有 Fasl 经过它时，它便紧紧地与其结合起来，这样细胞便可感受到开启细胞凋亡通道的信息。因此，Fas 和 Fasl 的结合，开启了细胞死亡之门。除了这些基因外，与细胞凋亡相关的基因还包括 ICE、TGF-β 基因等，它们间存在着复杂的相互关系。随着研究的深入，还将发现新的凋亡基因，且各基因间存在的复杂关系也将得到逐步阐明。但至今，人们尚未找到实际上控制正常细胞或恶性细胞凋亡的基因，启动人类细胞凋亡通路的“开关”基因或称“杀手”基因仍未明了。

破译生命密码的语言是如此的神秘莫测，科学家的问题似乎永远没有尽头。问题一个个接踵而来，其中一个不可回避的问题是：细胞为什么要“自杀”？这是自然界给它安排不容抗拒的“法则”吗？从胚胎发育的过程中可见，一些细胞死亡是由于发育的需要，这一点在胚胎的发育中清晰可见。科学家们还发现，为了清除受损细胞，实现自我保护，细胞也会进行自杀。俄罗斯的科学家研究发现，当人体细胞中基因发生变异而使基因受到损伤时，细胞便会与氢氧化物原子团结合，使自己死亡。当人体细胞中的基因发生对自己不利的变异后，人体内负责参与和调节物质代谢的蛋白酶便会促使细胞与一种氧化剂——氢氧化物原子团结合。在这一过程中，氢氧化物原子团会破坏细胞内的物质，使细胞死亡，而与该细胞相邻、具有正常基因的细胞却不会受到任何影响。当人体部分器官、组织中的某类细胞由于基因变异而集体“自杀”后，便会导致疾病出现。细胞上述特性有时对人体是有益的。如当人的正常细胞发生癌变后，蛋白酶会诱导这种细胞接受毁灭性氧化。然而有时这种“毁灭程序”会发生混乱，癌细胞拒绝被蛋白酶诱导，并不断增生。

当前，细胞凋亡与疾病的关系已成为研究热点，这是由于目前发现多种疾病与细胞凋亡规律的异常有关。程序性细胞死亡（PCD）是人类正常细胞新旧交替的自然过程，但当 PCD 出现反常调控时，可导致包括肿瘤等多种疾病的发生。如细胞凋亡被抑制容易导致各种肿瘤、白细胞增生症、自身免疫性疾病；如细胞凋亡被加强则可能是骨髓发育不全综合征、神经系统退化性疾病、缺血性疾病的重要发病机制。科学家尽管在其中付出了巨大的努力，但仍有许多问题无法解释，癌症、艾滋病等仍然无法治愈。

“生死有命”在人类而言是一种宿命的消极观点，但对细胞而言却尤为适合，似乎有谁掌握了它们的命运。科学家的梦想也许就是叩开大自然掌握的生死之门，窥视生命的奥秘吧。

最古老的细胞

很可惜，由于原始的细胞非常脆弱，它们留下地质记录的可能性很小。即使找到相关的化石，也可能只是它们曾经活动过的一些痕迹，很难从中发现它们的结构。

不过，既然生命是不断进化的，那么在现存的各种细胞中，有可能保留了一些原始细胞的遗迹，甚至有些方面还与原始细胞相似。

现在已经有分子生物学和古微生物学方面的大量研究表明，原核细胞与真核细胞具有共同的祖先，而且原核细胞比真核细胞在生物进化史上更早出现。因此，关于细胞起源的问题可以简单化为原核细胞是如何产生的。

尽管原核细胞的结构比真核细胞简单得多，但是相对于原始的地球来说，它已经是相当精细的细胞了，很难想象它能从非细胞结构中直接产生。那么，有没有比原核细胞更简单的生命结构或是过渡类型呢？

也许我们很容易就想到病毒，它的结构的确简单，很多病毒只有一个核酸和蛋白质外壳组成，甚至有些种类只有其中之一。过去曾一度认为病毒是从非生物到生物的过渡结构。原始地球上形成的生物大分子和其他各种分子首先形成病毒，然后在病毒的基础上再产生原始细胞的结构。这似乎很顺理成章。

但是，随着对病毒研究的深入，问题产生了。例如：病毒是细胞内寄生的生命形式，它们只有在细胞内才能表现出生命现象，脱离细胞就不能繁殖，那么病毒怎么可能在细胞出现之前就形成了呢？此外，病毒的基因组与其宿主的基因组在结构特点上非常相似，而且病毒的结构与现在细胞内的核酸和蛋白质的复合体——核蛋白的结构也有相似之处……这些现象使人们认为病毒可能是由原始的细胞衍生或者退化而来的。

还有一类微生物，可以说是今天最小最简单的细胞，它的名字叫做“支原体”。它可以独立生活，既能在细胞内寄生，也可以在无细胞的培养基中生长繁殖。支原体比细菌小得多，直径只有0.1~0.3微米，约是一般的细菌的1/1000，类似于病毒的大小。

虽然支原体的细胞结构非常简单，除了作为细胞所必需的结构之外，几乎就没有其他构造了。但是它的结构和功能依然可以与较复杂的原核细胞相比拟。它也拥有细胞膜、核酸、蛋白质和核糖体，作为最原始的细胞还是显得太复杂了点。

那么最原始的细胞究竟是怎样的呢？根据现在对细胞的研究，以及前面我们关于“RNA世界”的介绍，我们不妨来进行一个大胆的推测。

在“RNA世界”中产生了能够自我复制的生物大分子，开始时这种大分子很可能是裸露的，原始的生命还处于非细胞的时期。随后，这样的一些生物大分子被脂类膜所包围，形成一种简单的具膜系统。这种具膜系统并不稳定，容易破裂，也容易与另一个具膜系统融合。这种不稳定性却使得膜内的生物大分子可以有机会继续利用周围环境中的其他分子进行自我复制，产生更多这样的具膜系统。在这个过程中，外面的膜既对膜内的分子起到一定的保护作用，同时也不会把膜的内外完全隔离开来。

这种由脂类的膜与膜内能够进行自我复制的生物大分子所组成的系统就是最原始的细胞。它可能还没有或者很少有蛋白质的参与，因为真正的蛋白质的自发形成比较困难，而且早期的原始生物大分子本身同时具有储存遗传信息、自我复制以及生物催化等功能，所以蛋白质在当时并非是必需的。

此后，这种最原始的细胞内开始复杂化，逐渐形成核糖体并发展出蛋白质的生物合成，于是就形成了现代细胞的雏形。

单细胞生命的形成

细菌王道

地球上所有生物的共同祖先最可能是细菌或者是原核生物。如果不是因为在进化的旅程中出现了真核生物，那么今天地球上的生命世界恐怕依然是由细菌所组成。尽管今天生物界的多样性已经让我们叹为观止，但无论从数量上还是种类上，细菌仍然是生物王国的一个庞大家族。虽然细菌的个头都小得连肉眼都看不见，但科学家们还是可以用电子显微镜捕捉到它们的踪迹。

细菌在生存斗争中之所以能够如此成功，原因很简单：它们能够用最快的速度生长繁殖。

研究发现，细菌经过一个完整的生长和分裂周期，平均不超过 20 ~ 30 分钟，而一般动物或植物细胞则需要 20 多个小时。也就是说，当 1 个真核细胞分裂成 2 个时，1 个细菌细胞在这一时间内可以产生的细胞超过 1 万亿个。而且细菌在这个过程中有可能产生几百亿个突变体，其中有一部分突变使细菌更具有生存

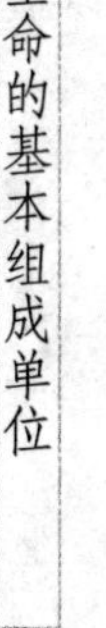

能力，尤其是当环境条件发生改变时，这些突变可能表现出更强的适应性。

细菌这种惊人的繁殖和突变能力，其实我们早就领教过了。想想看，为什么无论我们发现多么有效、多么新的抗生素，细菌当中能与之相对抗的突变体总有可能出现？或许对细菌来说，类似的对抗在长期的进化过程中已经是司空见惯的事情了，它们在与环境的抗争中无愧于“常胜家族”的称号。

另类细菌

在38亿~36亿年以前，原始祖先细胞群中的一部分成员从细菌大家族中分离出来，可能是由于地质上或气候方面的因素，把它们带到了一个不利于生长的环境中。这差点造成了它们的灭绝，但是极少数的突变体能够适应这种新的环境并繁衍下来，用不了多久就形成了新的家族。

有些科学家认为，万物的祖先来自于一种能适应高温的、属于古细菌的原核生物，称为嗜热古细菌。它们可以在高达110℃的条件下生存并且生长旺盛，当时的压力足以阻止水分汽化而保持液体状态，那些最古老的祖先正是在这种温度下生存的。

组成嗜热古细菌细胞膜的脂类与现代普通真细菌不同，它属于醚脂，而不是磷脂。醚脂的熔点比磷脂高，再加上抗热蛋白的保护，使得嗜热古细菌能够适应超过100℃的高温环境而得以生存。

但是，如果因为气候或者地质上的变化，比如说从110℃到80℃，就可以让极端嗜热的古细菌发生转变。它们那由醚脂组成的细胞膜会凝聚，细胞因此变得不活跃，进而与外界环境的物质交换也将停止，最终导致细胞完全冻死。

然而，有些突变体却可能已经把醚脂转变成了酯脂，从而免于一死。但这些突变体及其后代也为此付出了巨大的代价，它们将不能回到从前酷热的摇篮。不过由它们繁衍出来的新兴家族也将代替祖先征服新的世界。第一个真细菌就这样诞生了，当然，真细菌的这个诞生过程还需要更多的证据来

证明。

现在，真细菌家族的某些成员还保持着对热环境的偏好，尽管已不像极端嗜热古细菌所生活的环境那样酷热。

按照相似的方式，不同的环境从最初的祖先，也就是嗜热古细菌的大家族中，分别挑出了不同的突变体，由此繁衍出不同的后代家族。有的依然能在火山口附近的沸水中畅游，有的在极地的冰水中存活下来，而大部分真细菌则适应了适中的温度。

与生活在酷热环境中的古细菌相比，真细菌无处不在，它们是迄今为止最具统治地位的原核生物。

当真细菌征服世界时，古细菌却被长期限制在它们出生的沸水中，最终，一些古细菌冒险冲出其发源地，成功入侵到其他栖息地。

最古老的产甲烷菌就是其中之一。它们是耐热菌，后来获得了在较低温度下生活的能力，同时保持了膜中的醚脂。它们如今占据了有机物质无氧分解的几乎每一个角落，同时产生氢。它们也存在于动物的消化道中，特别是牛的消化道，那里已成为甲烷气体的制造厂。因此，它们也成为温室效应的参与者。产甲烷菌在海洋和淡水沉积物中也很丰富。在那种泥泞的底层物质中，它们产生出一个个气泡，成为夜间沼泽地鬼火的燃料来源。

还有一些古细菌在高盐的水域中成功定居，甚至是在即将干涸的极咸的海水中。它们是仍栖息在死海和大盐湖的仅有生物。其中，嗜盐菌是唯一的光养古细菌。与其他光养生物不同，这种生物不依赖叶绿素获取光能，而依赖于一种紫色物质——紫膜质。这种物质是一个固定于膜上的蛋白质，与类胡萝卜素相关。

令人称奇的是，根据先有的研究，与紫膜质亲缘最近的化学物质是动物眼中光敏性的紫红色色素——视紫质。但是在动物的视觉中，视紫质的作用并不是把光能转变成生物体可利用的能量，而是触发一系列由眼到脑的神经信号。或许动物眼中这种充满活力的色素是一些遥远的古老紫膜质的后代。

叶绿素的出现

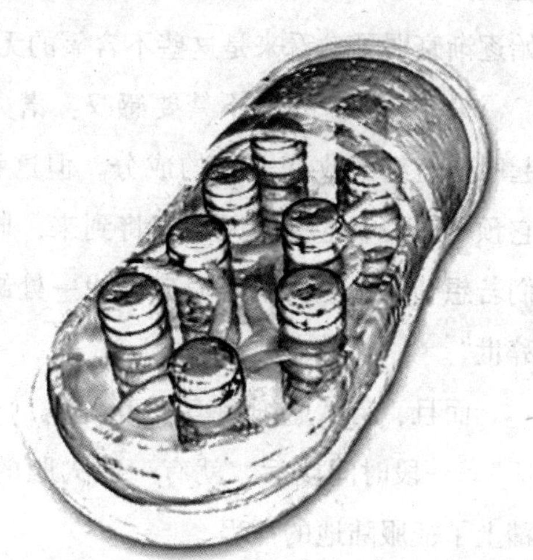

叶绿素的出现对今天整个生物界和地球来说，都具有极其重要的意义。如此重要的物质是什么时候进入生命殿堂的？很多专家认为，至少是35亿年前，也可能是37.5亿年前。在细菌界一种古老的蓝色微生物中，已经有了利用叶绿素来捕捉和转化光能的系统，最初它们被称为“蓝绿藻”，但真正的藻类是真核生物，为了避免歧义，科学家们又把这些原核光养生物叫做“蓝细菌”。

关于蓝细菌和叶绿素的出现年代，最强有力的证据源于叠层石，这些分层的岩石起源于叠置的细菌菌落。在这一类型的大量菌落中，顶层被蓝细菌占据，它是深层异养菌的基本食物供给者。最古老的叠层石可追溯至35亿年前。

来自加利福尼亚大学洛杉矶分校的舍普夫（William Schopf）是国际著名的微体化石专家，他已经鉴定了澳大利亚西北部岩石中至少7种不同的蓝细菌样生物的真正遗迹，其精确的年代为34.6亿~34.7亿年。这些遗迹看起来与现今蓝细菌的形态几乎没有区别。

这样就可以推断，光养生物生产氧气至少35亿年前就开始了。然而所有的可信证据都显示，大气中的分子氧直到大约20亿年前才开始增加，15亿年前达到稳定水平。

奇怪！产氧光养生物在最初15亿年间生产的氧气去哪儿了？

一个可能的解释是，当时地球上大量存在的不含氧无机物限制了大气中

氧气的增加，二价铁就是其中之一。据信，在早期的海洋中二价铁非常丰富，它和铁离子的氧化物就构成了磁铁矿的主要成分。而磁铁矿大量形成的年代也就是在距今15亿~35亿年，等到大气中的氧气开始增加时，它的形成就开始逐渐衰弱了。看来是这些不含氧的无机物把最初的氧气给“偷走”了。

另一方面，我们不禁要感叹：偌大一个地球大气层，居然就是被这些不起眼的蓝细菌改变着它的成分。但这种改变的结果绝不仅仅是大气层本身，它预示着需氧生物的天堂即将到来，同时也为众多厌氧生物敲响了丧钟。它们若想苟且偷生，就得为自己找一处缺氧的安身之所了，否则就只能“挥泪辞世”。

而且，自从蓝细菌有了叶绿素，生命世界里就等于建起了“食品加工厂”。一段时间以后，就有一些大胆的冒险者带着这种加工食品的“机器”，踏上了征服陆地的征程。

尽管10亿年前，各大洲还都是由岩石构成的光秃秃的大片地区，沙漠白天在太阳下烘烤，晚上则温度急剧下降，那是酷热与寒冷的考验。可是现在我们放眼望去，绿色植物已是生机盎然。这恐怕还要感谢首先出现在蓝细菌中的叶绿素，光合作用的奇迹不仅是创造出了一个有氧的星球，而且也掀起了一场至今仍在延续的“绿色革命”。

真核生物时代

早在35亿年前，当细菌成功地形成菌落，开始踏上征服整个地球的旅程时，一个模糊的分支开始向着一个奇怪方向进化。这个分支对于细菌大家族来说，简直就是个“旁门左道”。可是20亿年之后，这个旁门左道就演化成各种庞大的类群，包括原生生物、植物、真菌和动物，还有人类。它们极大地不同于前面我们提到的任何细菌，因为它们拥有真正的细胞核，核物质位于细胞核内，有核膜包被，因此称为“真核细胞”。而细菌这样的原核细胞虽然也拥有核物质，但它们只是裸露地存在于细胞内的特定位置，称“类核”

或“拟核”。

从原始的原核细胞进化为真核细胞，最关键的一步就是细胞核的形成。细胞核主要由核膜、染色质、核仁和核质等组成。

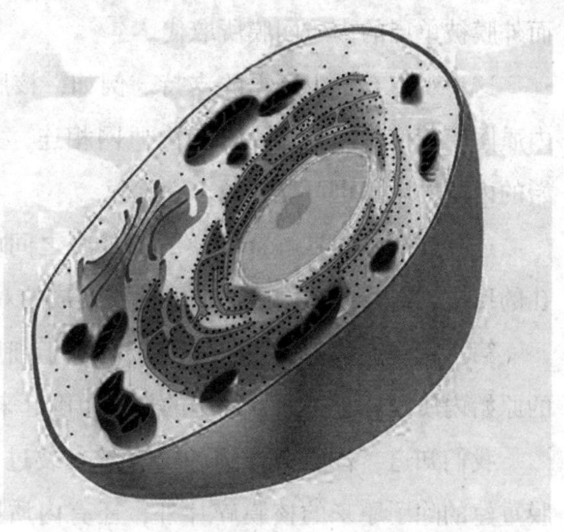

核膜是双层膜，分为外膜和内膜。外膜的某些区域常常和内质网直接相连，而且外膜的外表面常有大量核糖体附着，就像内质网一样。核膜上有很多小孔，称“核孔”，它们是细胞核与细胞质之间的物质通道。核膜这样的结构使细胞核看上去就好像是北京的“紫禁城”。

染色质是细胞核内由 DNA 和蛋白质所组成的复合结构。核仁则是细胞核中转录 RNA 和装配核糖体的部位。

那么细胞核究竟是怎么产生的呢？回答这个问题的关键就是核膜的起源，因为核膜是原始的原核细胞所没有的，而染色质和核仁等完全可以由原核细胞的 DNA 加上某些蛋白质演变而来。

关于核膜的起源，有这样几种具有代表性的观点：

第一种观点认为核膜是由细胞膜内褶把原始的类核包围起来而形成的，内外两层核膜都是起源于原始原核细胞的细胞膜。

这种观点的依据是现代的原核细胞中，可以观察到很多细胞膜内褶并形成一些特殊结构的现象，而且类核也常常直接或间接地附着在细胞膜上。这样，由细胞膜把类核包围起来形成细胞核就成为了可能。

这种观点能够解释为什么核膜是双层膜。但是它无法解释核孔的形成以及核膜的内外膜在形态结构和化学组成上的差异。如果核膜在形成的时候没有核孔，那么它又如何保证原始细胞核与细胞质之间频繁的物质交换呢？尤其是那些大分子的物质交换。

第二种观点认为核膜的内外两层膜有着不同的起源。内膜源于细胞膜，而外膜则源于内质网膜。原始原核细胞的类核被内褶的细胞膜逐渐包围，继而外膜被单层的内质网膜所取代。

这种观点有不少证据的支持。例如，核膜的外膜在结构和组成上确实与内质网膜相似，而且外膜常和内质网相连，并附有核糖体。有证据表明，原始的内质网本身也可能起源于细胞膜。

这种观点很容易解释核膜的内外膜之间的差异，但它也同样难以说明核孔的形成，以及内质网膜如何取代刚形成的双层核膜的外膜。

第三种观点认为核膜不是直接起源于细胞膜，而是起源于由细胞膜形成的原始内质网。它把原始细胞的类核包围起来就形成了细胞核。

我们知道，核膜会在细胞的有丝分裂过程中消失。分裂结束后，参与核膜重建的除了原来的核膜碎片外，还有内质网的碎片。所以核膜和内质网实际上是同一类膜系统，甚至可以认为核膜是内质网的一个特殊组成部分。

这种观点能较好地说明核孔的形成，因为原始内质网的片断在包围类核时，可能不完全地连接，从而留下一些细小的孔道，这些孔道以后就有可能发展成现在我们所知道的核孔。

目前已经发现，在一些非常低等的单细胞真核生物中（如双滴虫类——已知最古老的真核生物)，核膜上存在许多大小不一的缺口，而它们还没有发展成复杂的核孔结构。这些生物的核膜很可能就是原始核膜的遗迹。

这样看来，第三种观点或许是细胞核起源最有可能的方式。

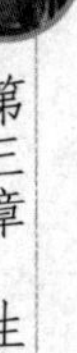

多细胞生物的崛起

多细胞雏形

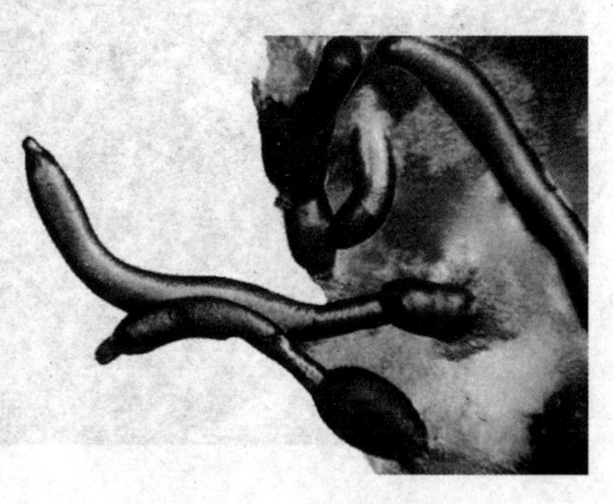

我们今天能够对远古的多细胞生物进行窥探的机会，来自一种被称为黏菌的生物。它们既不是植物，也不是动物，而是10亿年前进化过程中的幸存者，实际上并没有大量存在过，然而它们确实传递给我们一些有意义的信息。可以认为它们是介于单细胞和多细胞之间的一类生物。

黏菌由与变形虫相似的单细胞异养原生生物组成。这些生物在生活条件良好的环境中像变形虫那样四处移动来搜寻食物，通过吞噬和细胞内消化来获取食物。但如果环境中食物稀少，黏菌细胞之间就会交换一种叫做环腺苷酸（cAMP）的化学信号，使它们聚集成一团。

这种细胞聚合物可以爬动，有时这种结构通过有性过程产生一种特殊的受保护的细胞，我们称之为孢子，它们脱落后在条件不利时一直保持休眠状态。当环境好转时，孢子开始成熟，呈变形虫状结构，又继续其单细胞生活方式。

黏菌这种通过细胞之间的协作来形成孢子的现象，在许多植物和真菌中普遍存在。

细胞群集

细胞以单细胞形式存在了30亿年。细菌至今依然如此，它们有时确实相互靠近形成菌落，但菌落并不是真正的多细胞生物。

真核细胞出现以后，也以单细胞形式存在了几亿年，在6亿~7亿年以前并没有多细胞生命的任何迹象。在当今世界上，单细胞原生生物依然比比皆是。

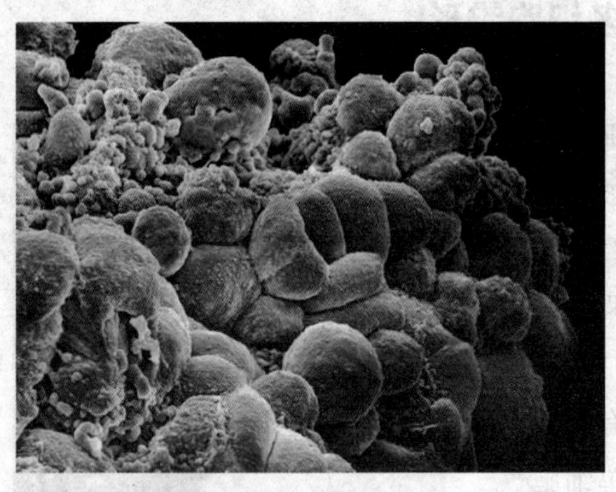

究竟是什么原因促使一些真核细胞聚集在了一起？有人提出了一种可能的原因，他们认为：细胞之间的相互聚集在最初的时候只不过是随机突变的结果。但是一旦细胞聚集在一起，由于群集的方式比单细胞形式更容易繁殖成功，在很多时候也更容易抵御不良环境，于是它们继续保持群集生活，并迅速产生和分化出植物界和动物界。

实际上，也正是因为很多细胞聚集在一起成为一体，才使原本相同的细胞之间有可能产生结构和功能上的分化，某些细胞才能行使并强化某种特定的功能，而不必分散“精力”去顾及其他功能，因为其他的工作已经有别的细胞“代劳”了。这样一来，整个多细胞生物体的结构就变成了“强强联手”的大型集团。它们征服地球的梦想便不再遥远。

第四章

植物世界的生命探幽

在漫长的数十亿年里，地球上的植物从最低等的蓝藻，逐渐发展出藻类、苔藓、蕨类植物、裸子植物和被子植物，直至演化成今天丰富多样的植被。这个过程也就是植物从低等到高等、从简单到复杂、从水生到陆生的进化历程。

植物生命溯源与进化

那些曾经郁郁葱葱覆盖地球表面的植物，如今的命运各不相同。有的已经完全灭绝了，例如大多数陆生植物的祖先——裸蕨，在3亿多年前就从地球上消失了；有的经历了若干次全球性的大灭绝，至今仍有少数存活下来，在地球的某个角落勉强延续着种族的“香火”，也就是所谓的“孑遗物种”，例如桫椤；也有一些种类丢弃了原始性状，进化为现代物种。

很显然，在植物的这段历史中，不同的物种所经历的演化时间大相径庭。

一般说来，越处在进化的早期，低等生物完成非常基本的进化所需要的时间就越长。比如说，从太古代到元古代早期，低等的原核生物细菌和蓝藻，经历了从单细胞个体到多细胞群体、从形态种类单调到多样化、从分布局限到分布广泛的演化。这个过程历时十几亿年，相当于从鱼类进化到人类所需

时间（大约4亿年）的3倍。

而越处在进化的晚期，在很短时间内就可以产生出极其精巧的构造。例如，最初的有花植物大约出现于侏罗纪晚期，但仅仅几千万年之后就进化出兰花这样精致的种类。

藻类植物

单细胞藻类

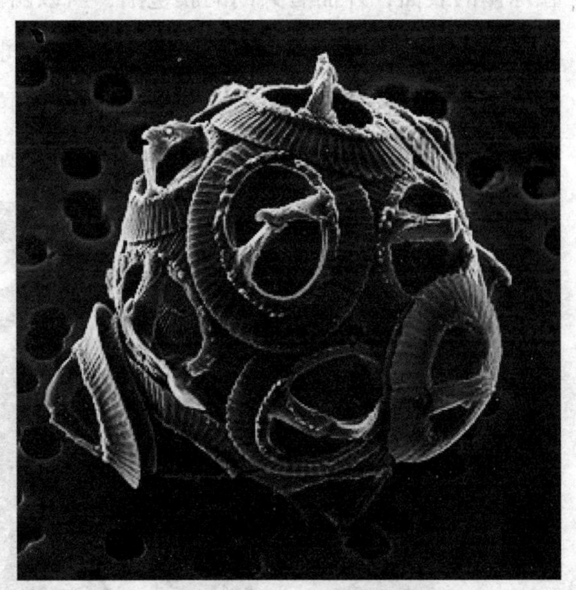

池塘里或者水沟里的水常常呈现出绿色，我们用肉眼看不出这种水里有什么东西在活动。可是在显微镜下，这样的一滴水就变成了一个小世界。在我们的视野里，除了有多种小动物之外，还会发现一些绿色的藻类植物生活着。

其中有一种小小的单细胞藻类，名叫“单胞藻”。它有两根长长的鞭毛可以摆动，能让它在水中游动得很快。它有一个红色的“眼点”，具有感光能力，能使它向着有光的方向游动。但是，这个眼点不能像眼睛那样成像，所以对于单胞藻来说，这个世界只有明暗，没有形状。

单胞藻已经具有了叶绿体，但它不是像大多数高等绿色植物所具有的椭球形叶绿体，而是呈杯状。

群居藻类

同样是在一些绿色的水体中，常常可以看到一种球形体，在水中滚动着游来游去。它由16个细胞聚成一团，外面包着一层透明的膜。其中的每个细胞都与单胞藻非常相似，并且每个细胞都单独生活，互不依靠，只是在行动上是一致的。它就是“实球藻”。这种植物很像是由单胞藻经过细胞分裂以后，那些相同的细胞聚集在一起而形成的一个整体。

有时候，在这种水里还可以看见一种比实球藻更大的圆球体。它是由更多的像单胞藻一样的细胞集合而成，叫“团藻”。组成团藻的所有细胞都分布在球体的表面，外面有共同的膜包围，所以团藻的结构看上去是中空的。

与实球藻不同的是，组成团藻的细胞之间存在着物质交流。而且在繁殖后代时，有一部分细胞进行分裂，产生新的群体，或者形成卵和精子，而其他不育的细胞就供应养料给这些生殖细胞。所以，团藻这种群体已经不再是

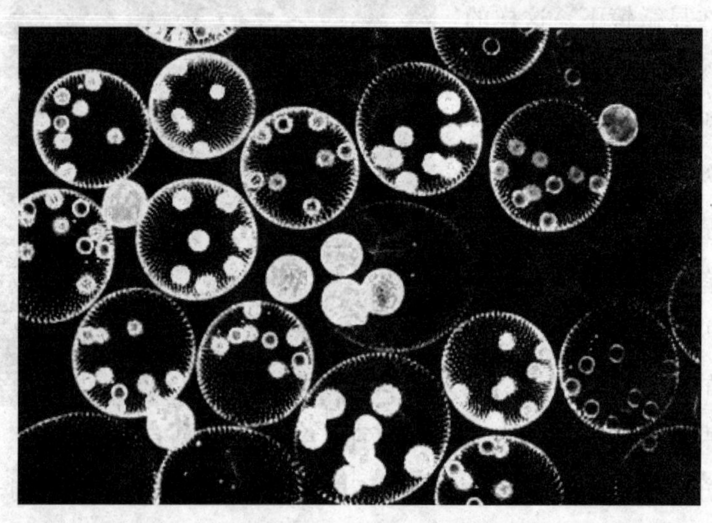

多个细胞的简单堆积，而是在细胞之间形成了某种联系和初步的分工。但是，团藻在形态上还没有上下前后之分，而且在营养生长的阶段，各个细胞在形态和功能上没有分别。因此，它还只是一种低等的多细胞植物。

多细胞藻类

紫菜是我们常吃的一种海产植物。它的身体很简单，只是由单层细胞所构成的薄片，这种薄片的面可以伸展得很大。紫菜生活在较深的海水中，那里的阳光比较弱，紫菜这种平展形的体形有利于接受更多的阳光。

紫菜身体上的某些部分比较肥厚，可以用来附着在海底的岩石上。这种一端固定、一端游离的身体构造，显示出紫菜的身体两端已经出现了初步的分工。它的固着生活也有利于让它“定居”在合适的环境中，而不至于被海水冲到条件恶劣的地方。

海带也是一种常见的食用海藻。它和紫菜一样过着定居生活，但是它的结构要比紫菜复杂得多。它有宽阔的叶状部分，也就是我们要食用的部分，由多层细胞构成，具有相当的厚度。在叶状部分的基部，有一个类似于圆柱形的柄，在柄的基部，存在着根状分支，可以用来固着在海底的岩石上。

海带不仅是身体两端存在分工，而且在身体内部，不同的细胞也具有不同的功能。由于叶状部分和柄部由多层细胞构成，很多细胞位于身体的深层部位，不能直接与海水接触来获得必需的水分和养料。但是，海带体内有些细胞十分细长，就好像是输送养料的管道，贯穿在身体内部，以此来解决深层细胞的“生计”问题。

像海带这样的藻类多半生活在浅海，当退潮或者海底地形隆起时，它们就可能暴露在空气中。但是，这类植物的体表往往存在一些胶状物质，可以对身体起到保护作用，再加上柄的支持，也就有了适应陆地生活的可能性。

从这些生活在水中的低等植物身上，我们可以发现植物从简单到复杂的发展趋势。虽然它们基本上是适应水生生活的，但是在一些比较高级的种类中，已经逐渐发展出可能适应陆地生活的相关构造。这也说明了植物从水生向陆生发展的趋势。

蕨类植物的产生

地球上最早的陆生植物出现在晚志留纪到早泥盆纪的沉积物中，这说明在距今4亿年前，植物已经开始由海洋向陆地推进，实现登陆的伟大历史进程。

植物的登陆改变了以往大陆一片荒芜的景象，使陆地逐渐披上绿装。不仅如此，陆生植物的出现和进化，完善了地球上的生态系统。它们不仅以海藻所无法比拟的生产能力制造出碳水化合物，而且通过光合作用大量吸收大气中的CO\ -2，并放出O\ -2，进一步改变着大气的成分。

因此，4 亿年前的植物登陆是地球生命发展史上的里程碑，如果没有植物的成功登陆，就没有今天的世界。

化石资料表明，担负起登陆使命的是裸蕨植物，它们属于蕨类植物门中一类早已灭绝的原始类型。裸蕨身体矮小，大多高不到 1 米，少数可达 2 米，没有根，只有假根，表皮上长有绒毛状或刺状突起，担负起类似于叶的功能。表皮有角质层和气孔，体内还有尚不发达的输导组织——维管束。

它们身上所具有的很多特征，使古植物学家认为它们起源于绿藻。在 4 亿年前的志留纪末期，地球上的自然条件发生了重大变化。不少生长在海滨或浅海潮间带的藻类植物，经历了无数次间断性的曝晒后，其中一部分未被淘汰的种类，开始越来越适应陆地环境。某种绿藻的后裔最后终于舍水登陆，产生了以裸蕨为代表的第一批陆生植物。

裸蕨能够成为开创登陆大业的先驱，并非是因为一时的运气。它们为了完成登陆而发展起来的很多制胜“法宝”，在今天的植物身上依然能够看到。

蕨类登陆

裸蕨登陆以后，首先要解决的问题就是如何吸收足够的水分，因为在陆地上就不能像在水中那样用全部的身体表面来吸收水分了。既然地表无水，那就得用根系从地下吸水。不过裸蕨还没来得及实现根、茎、叶的真正分化，只是形成了类似的结构，即假根。体内已经拥有的维管组织尽管还不发达，但已经能够实现水分和养料的运输功能了。

裸蕨作为陆生植物的始祖，的确是功不可没。经过 4 亿多年的演化，它们所发明的假根已经被今天的植物进行了出色地完善，很多植物为了寻找更多的水分，它们的根系已经发达得超乎我们的想象。一株4个月大的燕麦，所有根系的总长度可达700多千米；沙漠中矮小的灌木——骆驼刺，它的根系能深入地下30多米。

除了吸收水分和养料这个基本功能外，很多植物还发展出支持根、储藏根、寄生根、呼吸根等功能各异的“变态根”。所有这些根的祖先，都要追溯到几亿年前裸蕨登陆时所发明的原始假根。

保持水分

植物到了陆地上，由于直接暴露在空气中，因此如何避免水分的过度蒸发也是一个重要的生存问题。尽管裸蕨作为登陆先锋的构造还非常简单，但保水措施已经相当高明。它的表皮细胞分泌出糖和脂类，这些物质在氧气中被硬化，形成可以防止水分散失的角质层。只有少数表皮细胞特化成气孔，作为水分蒸发的通道。

裸蕨的这套保水机制依然在今天的植物中被广泛使用。生长在干旱地区的植物为了适应缺水环境，白天将气孔关闭以减少水分蒸腾，晚上才打开气孔进行气体交换。它们的储水能力相当惊人：北美洲沙漠中的仙人掌高达15~20米，储水量可达2吨；西非的猴面包树，已经发现的最粗的一棵就连40个人都合抱不过来，被称为“最胖的树”，其储水量可达40吨。

直立问题

裸蕨登陆后的另一个问题是如何直立。毕竟脱离了水中浮力的依托之后，水生植物原来的身型实在是显得太柔弱了。实际上，在陆地上生存就好像是踏入了没有硝烟的战场，而绝不是走上展示苗条身材的舞台。

如果裸蕨不能直立，那么细长的身体就很容易纠缠在一起，不利于光能的吸收。因此，裸蕨必须增强自身的支持力，它们在茎的中央形成了坚实的中柱。这种机械组织的出现，让陆生植物能将地上部分支撑起来。尽管和今天的植物相比，这些“登陆先锋”的身体要柔弱得多，但这毕竟是植物第一次在陆地上挺起了“腰杆”。也正是它们的这种创造，奠定了今天所有参天大树的基础。

利用阳光

植物对阳光的向往常常可以诱发出巨大的生命力，森林中的参天大树就是在年复一年竞争阳光的过程中越长越高的。

植物除了尽可能地将身体往高处生长，并拓展横向面积之外，还发展出另一个巧妙的办法。如果我们仔细观察一下身边的植物，就会发现其中的玄妙。无论叶片的排列方式怎样，在同一株植物相邻的叶片之间，绝不会互相覆盖。这就是“叶镶嵌”现象，它能够保证叶片最大限度地接受光照。

而且，植物在分枝的时候，新生的枝条总是伸向不同的方向，这也同样保证了植物能尽可能多地利用周围空间来享受阳光。

我们今天在众多植物身上看到的这些特点，都能在裸蕨那里找到原始的痕迹。可以说，现代植物都应该感谢裸蕨把它们“培养”成利用阳光的“高效专家”。

苔　藓

多数科学家认为，在早期征服陆地的战场上，至少有两条“进军”路线：一条是以裸蕨为代表，发展出维管植物，它们完全摆脱了水生环境的束缚，成为真正的陆生植物，也由此占据了植物界的统治地位；另一条是以苔藓为代表，始终没有完全脱离水生环境。

苔藓是一类古老而原始的植物，它的起源尚不明确，古植物学家们推测可能也是从某些藻类进化而来。可是它们登陆以后却没有发生大的变化，换句话说，我们眼中的苔藓很可能与恐龙所见过的苔藓没有什么太大的差别。

因为苔藓的繁殖过程始终离不开水的帮助，所以直到现在为止，大部分种类的苔藓还只能生活在阴暗潮湿的地方，可以说它们并没有完全适应陆地生活，只能“羞答答”地躲在阴湿的角落里，无奈地看着大千世界的沧海桑田。

而且，在苔藓的身体里也没能发展出维管束，这样它们既失去了有效的输导组织，又难以支撑它们所“向往”的高大身躯，所以也就只能做个矮个

儿生灵了。一般苔藓的高度都不会超过 10 厘米，哪怕是新西兰现存的最大苔藓，也只能长到半米左右。

可是，大自然的历史有时候就是那么令人费解。与裸蕨相比，苔藓原本是登陆大军中并不成功的派系，而裸蕨则作为陆生植物的始祖，曾经盛极一时。然而进化的结果却是裸蕨被自然界淘汰，彻底从地球上消失，只在地层中留下它们的遗骸让人慨叹。而其貌不扬的苔藓却在数亿年的岁月里饱经沧桑，延续至今，尽管它们并没有表现出太多的进化迹象，也没有夺得植物王国的统治权。

蕨类植物的繁盛

志留纪之后的泥盆纪，气候变得干燥，池沼干涸，很多生长在水边的植物被迫适应陆生生活。所以，从泥盆纪开始，陆生植物有了新的发展，由裸蕨植物演化而来的蕨类植物出现并很快繁荣起来，到石炭纪达到顶峰。从现在所掌握的资料来看，裸蕨在这段时间里繁衍出 3 个分支的后裔，即鳞木类、芦木类和真蕨类。

不一样的鳞木

在石炭纪的森林中，有一种主要的乔木叫“鳞木”。它们不断长粗，树干的直径可达1~2米，整个植株可以长到30~40米高，有的甚至高达50米，并且有一个枝叶繁茂的巨大树冠。即使是现代的高大乔木中，体型能与之相比的也只是少数。

从已经发现的鳞木化石来看，它们最早出现于3.5亿年前的晚泥盆纪，在石炭纪中期发展到顶峰，而且种类繁多，是当时热带沼泽森林中最重要的代表类群。进入二叠纪后，这些巨大的蕨类植物迅速衰落，在2亿年前的二叠纪末，地球表面的气候趋于干旱，它们几乎全部灭绝。

鳞木的叶片长度可达1米以上，脱落后在茎干表面会留下清晰的螺旋状排列的鳞状痕迹，“鳞木”的名称也就由此而来。令人称奇的是，鳞木的高大身型和巨大树冠，居然主要是靠坚固的厚“树皮”来支撑，而维管柱的发展却受到了限制。或许这也是导致鳞木类最终灭绝的原因之一。

芦　木

芦木是繁荣于石炭纪的另一类古植物，它也是高达二三十米的大型乔木。与现代乔木不同的是，它有明显的节。各个分支从节上生出，狭长的叶也是轮生在节上，整个枝叶就像一把巨大的“扫帚”。芦木在地下还匍匐生长着巨大的根状茎，从根状茎的节上再生出根。

现代植物中的“木贼”，也有明显的节和根状茎，枝叶也是轮生于节上，很多特征都与芦木相似，被认为是芦木类植物残留下来的种类。不过现代木贼的体型远远小于古代的芦木，而且都是草本植物，两者简直不可同日而语。

可惜的是，这些比现代木贼大几十甚至几百倍的“巨人”，在二叠纪迅速地衰落。它们的身体深埋在地下变成煤炭，成为当时主要的造煤植物。

真　蕨

石炭纪的气候温暖潮湿，对植物的生长非常有利，而且很容易产生比较宽阔的叶子。因为在潮湿的环境中，哪怕是宽大的叶子，蒸腾作用也不会过于强烈而导致缺水。于是，真蕨植物在鳞木、芦木那样的高大“巨人”中间也繁盛起来。

真蕨虽然不比鳞木、芦木那么高大，但却有着长而宽大的叶，茎内还有发达的维管束。今天地球上许多有大型叶的蕨类植物就是从古代的真蕨类演

变而来。尽管现存的真蕨基本上都是矮个的草本，但是它们的祖先也曾经在地球上辉煌过。我们从“蕨类植物之王”——桫椤的身上，或许还能窥见当年真蕨类植物的雄风。

大多数的桫椤可以长到 1～8 米高，茎干直径可达 10～20 厘米，羽状的大型复叶丛生在茎的顶端，树形有点像椰子树。产于东南亚、南亚和中国的白桫椤，高度可达 20 米，而新西兰的一些桫椤甚至长到了 25 米。其实，2 亿多年前的很多真蕨类植物远比桫椤要高大得多。

古代的真蕨传承至今，它们的经历真可谓坎坷。

目前，已知最早的真蕨植物——原始蕨，可能在 4 亿年前就出现了，它是裸蕨植物向真蕨植物过渡的类型。此后，到泥盆纪的中晚期，还发展出枝木类、羽裂蕨类、依贝卡蕨类、十字蕨类、对叶蕨类等古老的真蕨。它们被认为是真蕨植物的第一代。但是到了石炭纪晚期，它们都消亡殆尽。取而代之的是在石炭纪兴起的多种多样的第二代真蕨，可是在二叠纪却发生了一次大灭绝事件，它们当中的绝大多数都没能逃脱厄运。时间的车轮到了中生代，第三代真蕨发展出更多的类型又卷土重来，并一直发展演化到现在。可惜的是，自从种子植物兴起之后，真蕨就无法再延续昔日的辉煌，现存的绝大多数种类基本上都是矮小的草本。那些高大的真蕨相继灭绝，尸体被埋入地下亿万年，形成了煤块。它们赖以生长的沃土，最终也变成了掩埋它们的硕大坟场。

当我们面对黑漆漆的煤矿，有多少人会想起当年叱咤风云的古代蕨类，又有多少人知道它们所经历的诸多沧桑？

种子植物的崛起

古生代的石炭纪就已经有种子植物出现了。在古生代末期的二叠纪，地球上的气候开始再度干燥起来，并有周期性的冰冻。曾经称霸一时的古代蕨类植物由于不能适应这样的恶劣环境而逐渐衰落，只有少数种类残留下来。与此同时，由蕨类植物演化而来、更能适应这种干燥环境的种子植物不断壮大起来。

种子诞生

地球上最早出现的种子植物是一种叫做“种子蕨”的裸子植物。它们的叶和真蕨植物非常相似，但它们通过种子繁殖，而不是像蕨类植物那样形成孢子来产生后代。

种子蕨的历史大约可以追溯到泥盆纪晚期，虽然通过种子繁殖是更加先进的生存方式，但是在当时温暖潮湿的气候条件下还不能表现出太大的优势。因此在古生代晚期的石炭纪和二叠纪，它们还处于养精蓄锐的阶段。到了中生代的三叠纪和侏罗纪，由于气候干燥，种子蕨迅速崛起，填补了大型蕨类消失后留下的空缺。

不过种子蕨毕竟是原始的裸子植物，在与后来出现的更加先进的种子植物进行竞争的过程中，种子蕨没能逃过没落的命运，到白垩纪早期宣告灭绝。它们的消失比恐龙的灭亡还要早数千万年。

顽强的种子

种子在离开母体之后，可以长时间保持休眠状态，直到环境条件适宜的时候才萌发成新的植株。种子本身所含有的胚乳或子叶，能在种子萌发时给幼体提供营养物质，从而提高了幼体的生存能力。而且，种子植物在受精时，已经不像蕨类植物那样需要水的帮助，这在干燥的气候条件下，无疑成为种子植物的求生法宝。

与蕨类植物的孢子相比，种子具有更加顽强的生命力，某些特殊植物的种子甚至在地层中埋藏数千年仍然能够萌发，并发育成正常的植株。

20 世纪 50 年代初，在辽宁省的泥炭层中发现了一些古莲子。通过鉴定，这些古莲子的寿命已经有 1288 年，它们经过处理后仍能萌发并年年开花。

日本也曾出土过 2000 年前的玉兰花种子，它们同样成功地发了芽。

目前所知道的寿命最长、仍能萌发并正常生长的种子，当数“羽扁豆”种子，有人发现它历经 1 万年的休眠，依然是生机勃勃。

种子的这种顽强生命力实在是让人赞叹！

延存的裸子植物

今天的“地球巨人”

在经历了亿万年的历史变迁之后，目前地球上体型最大、身材最高的生物都生活在美国的加利福尼亚。它们分别是美国红杉国家公园里被称为“谢尔曼将军”的巨杉和加利福尼亚州北部被称为“亥伯龙神”的红杉。

“谢尔曼将军”发现于1879年，高84米，重1500多吨，即使是迄今发现的最大的蓝鲸，也只有190吨，根本无法与之相比。它的寿命已经超过3500岁，堪称今天世界上体型最大的“老寿星”了。

在美国加利福尼亚州北部偏远的海岸森林中有一棵红杉，经测量后被暂时确定为目前世界上最高的生物，人们以希腊神话中的“亥伯龙神”为这棵红杉命名。它的身高已经达到了115.2米，差不多相当于40层楼那么高。

活化石

在裸子植物中，水杉和银杏都被誉为“活化石”，因为它们都一度险遭灭绝。或许今天你走过路边的水杉时，只为它的挺拔而感叹。可是在20世纪40年代以前，世界上只发现过它们的化石，所以人们一直认为它们早已绝迹。直到中国的植物学家在四川省发现了活的水杉林，这些“真人”才终于“露相”。那1000多株活生生的水杉，着实让世界为之轰动。

现在，这种有着精美羽状复叶、高大挺拔的活化石，已经被引种到世界上的很多地区，成为那里的“永久居民”。

其实，水杉在1亿年前的白垩纪早期就开始“亮相”了，广泛分布于北半球。但后来由于地壳运动的原因，北半球气候逐渐变冷，尤其是第四纪冰川时期，北半球绝大多数地区的水杉再也耐不住严寒，它们的呼吸淹没在来势凶猛的冰川中，只有在中国中西部地区的少量水杉，由于地形的保护才躲过了这场“灭门浩劫”。

和水杉一样，银杏也是从遥远的恐龙时代流传至今的裸子植物，它那美丽的扇形叶片在植物界绝无仅有。

银杏的历史可以追溯到2亿年前的中生代，当时它们曾经遍布世界各地，但是后来在被子植物的竞争以及多次冰川的影响下，这个物种没落了。直到18世纪在中国发现活的银杏之前，人们都以为只能在化石中寻找它们的美丽了。

银杏是一种雌雄异株的植物，只有生长雌“花”（大孢子叶球）的植物才能形成种子。银杏的种子有一层白色的肉质外种皮包被，俗称“白果”，它虽然有毒，但用现代加工方法处理以后可以食用。

现在很多地方都把银杏作为行道树栽种，但一般不会看到白果，因为它的外种皮在腐烂时会发出恶臭，所以人们往往只把雄性的银杏植株作为行道树。

红豆杉

从化石记录来看，红豆杉的历史比水杉更古老，可以追溯到2亿年前的三叠纪末至侏罗纪初。

红豆杉拥有美丽的红色“果实”，或许这也是它名称的由来。但这种美丽却与剧毒相伴，人若误食，腹中便难受至极，它的美丽真是令人望而生畏啊。

20世纪90年代之前，红豆杉与人类相安无事。可是此后，由于紫杉醇被批准用于癌症治疗，红豆杉就开始了悲惨的命运。紫杉醇是一种颇为有效的抗癌物质，目前还只能从红豆杉中提取，无法人工合成。由于此前没有进行规模化的人工种植。所以野生红豆杉就成了紫杉醇的唯一来源。

目前，每年4000千克的紫杉醇才能满足全球的需要，而生产1千克紫杉醇就需要15.30吨红豆杉树皮。正所谓“物以稀为贵”，紫杉醇的价格已经攀升到每千克数十万甚至数百万美元。巨额的利润让野生红豆杉活生生地被扒去树皮，大量死去。在东南亚和中国，数以百万计的野生红豆杉遭到毁坏，濒临灭绝，实在是惨不忍睹，真是“自古红颜多薄命”啊！

人工种植红豆杉，或者尽快找到人工合成紫杉醇的方法，才能为红豆杉带来一线生机。

苏铁开“花”非易事

苏铁是现存裸子植物中的一个古老类群，它们的历史可以追溯到二叠纪早期至石炭纪晚期，距今约有2.8亿年之久。

从化石来看，苏铁很可能起源于古生代的种子蕨，在中生代时获得了最大的发展，分布极其广泛，甚至于有些人愿意把中生代叫做“苏铁植物时代”。但后来，由于松柏类植物和被子植物的竞争，古老的苏铁植物逐渐衰落了。

尽管苏铁因其生命力强、形态美观而被广泛用作园林植物，但众所周知，“铁树开花非易事”。可这是为什么呢？

确切地说，苏铁没有花，我们偶尔能看到的只是它的“孢子叶球”。我们知道，植物开花需要消耗大量的物质和能量，没有适宜的温度、充足的肥料、合适的光照等条件，植物是很难开花的。苏铁也是如此。它们经历了冰川时期的诸多磨难，好不容易才延续至今，当然要有“过人之处”。所以苏铁并不轻易开“花”，只有在适宜的环境中，尤其是气候足够温暖的时候，才可能向世人展示它们难得的姿彩。否则它们早就在寒冷的冰川时期销声匿迹了。在相对比较寒冷的地区，苏铁可能几十年才开一次“花”，甚至终生不开“花”。

被子植物

能够开出真正的花，这是被子植物的特点，也就是这个伟大的进步造就了今天被子植物在植物界的霸主地位。迄今为止，已经被人类鉴定的被子植物超过了27万种，占现存植物种类的一半以上，并且在多数地区的植被中拥有统治地位。

可惜的是，那些最早出现的被子植物却早已消失，我们对这样一类“王者植物”是如何出现并繁盛的过程不甚了解。揭开它们神秘面纱的线索，或许就隐藏在寻找早期花的研究中。

亘古羞涩第一花

千姿百态、风情万种的花朵，给多少人带来欢愉和遐想，又有多少人为之沉醉。可是，地球上的第一朵花究竟出现在何时何地？它长什么样子？探寻这个问题的答案恐怕不仅仅是为了满足我们的好奇心，更重要的是，它表明了被子植物的起源。

早在100多年前，达尔文就曾对这个问题产生了浓厚的兴趣，并进行了深入的研究。然而他却发现，在1亿年前的白垩纪，被子植物好像一夜之间就大量出现。难道它们真的是大自然的“神来之笔”绘就的惊世巨作？

达尔文对此苦苦追寻，最终也一无所获，只能遗憾地把这个问题称作“一个讨厌的迷”。直到1996年的一天，中国的古植物学家孙革及其同事发现了一块1.4亿年前侏罗纪晚期的化石，这个谜团才得以展开。

在这块化石中，居然保留着40多枚类似豆荚的果实，这就是被称为“辽宁古果”的已知最古老的果实。更令人诧异的是，豆荚中的种子虽然历经岁月的侵蚀已经干瘪，但它们在豆荚的保护下竟然没有石化！

尽管“辽宁古果”只向世人展现了古老的果实，但由于果实只能由花形成，所以，找到了最古老的果实也就意味着发现了最古老的花。

由于花在结构上非常娇嫩，要想在化石中见到它们实在不是一件容易的事。1989 年在澳大利亚维多利亚州的库恩瓦拉发现的一块化石令世人震惊：它记录着一小段枝条上的两片叶子和一朵花。这竟然是 1.18 亿年前大自然的杰作，也是迄今为止所发现的最古老的花朵化石。研究表明，这个植物可能是今天胡椒类植物的先辈。

我们真该感谢大自然的慷慨，让我们可以瞻仰那远古的美丽。当然，现在的古生物学家们仍然没有停止寻找最古老的花的脚步，“辽宁古果”作为最古老的花的记录还可能被再次刷新。

与虫为伴多绚丽

尽管辽宁古果的化石“藏匿”了它们的花朵，但从进化的角度和其他化石来看，最初的花不大可能像今天的花那样精致和美丽。它们可能没有丰富的花粉、花蜜和浓郁的芳香，也没有娇艳的花瓣。那么它们是如何变幻出今日的多姿多彩的呢？因为很多花选择了“与虫为伴”。

最初的花很可能是由植物的短小枝条发展而来，花瓣可以看成是极度特化的叶片，所以最初的花瓣很可能与叶片相似。但是，古老被子植物的后代为了吸引昆虫为之传粉，逐渐发展出绚丽的花瓣、甜美的花蜜和诱人的香气。这样的花，我们今天称之为“虫媒花”。

很多被子植物选择昆虫作为传粉动物是有道理的。无论从种类还是数量上来看，昆虫都是所有动物中最成功的家族。今天地球上生活着的昆虫有数百万种之多，占了所有生物物种总数的一半以上。

既然那么多被子植物的花可谓色、香、味俱全，昆虫当然也乐意与之“结伴而行”。于是，在 1 亿多年前的白垩纪，当被子植物开始大量出现之后，它们便“一拍即合”，走上了共同进化的道路。

昆虫的到访刺激了花的发展，加强了蜜腺的隐蔽性和花粉的特化，可口的花蜜、漂亮的花瓣、诱“虫”的香气，还有各式各样花的形状等，所有这一切都是为了满足昆虫的渴望，让它们能更好地完成传粉的任务。在漫长的

演化过程中，那些没能赢得昆虫青睐的虫媒植物逐渐衰落，甚至消亡。

与此同时，为了更好地吸食花粉和花蜜，昆虫的很多特征也在悄悄地发生变化。例如：吻部的形态和行为高度专一化；身体的大小与花形相适应；昆虫专门造访某种或少数几种花，等等。试想一下，要是双翅展开有70厘米长的石炭纪古蜻蜓，怎么可能被娇嫩的花朵所接受？还没等古蜻蜓传粉，它就把花朵折腾得不成样子了。

说到昆虫对花的专一性，这里还有一段小插曲。新西兰在19世纪初引进了一种名叫“红三叶”的优良牧草，以便为畜牧业提供优质饲料。但是引进后却发生了奇怪的现象：无论气候、土壤、光照等条件多么理想，红三叶也不肯迅速生长。直到1880年，新西兰又引入了一种叫做“熊蜂”的蜜蜂，红三叶的产量才开始大增。原来，红三叶和熊蜂之间有着特殊的偏好，熊蜂成了红三叶的“铁杆”传粉匠。其实，这种现象在其他很多虫媒植物中也很常见。

昆虫和花朵“携手相伴”的情景也被其他动物看在眼里，其中就有一些效仿者也紧随其后。

蜂鸟就是其中之一。它那娇小的身材和时停时动的翩翩舞姿，怎么能不让花儿们为之“心动”，甘心情愿献出自己酿造的醇美蜜汁？而蜂鸟细长的喙，更是能轻而易举地为自己从花朵中获得犒赏。

甚至有些蝙蝠也能充当传粉者的角色。这样的蝙蝠往往身体狭小，舌细而长，舌尖有许多毛刷状突起，以便取食花蜜。而这些蝙蝠所光顾的花朵一般都比较大，毕竟与大多数昆虫相比，再小的蝙蝠也是庞然大物了。而且它们常常在夜间开放，发出某种特殊气味来吸引蝙蝠。而这样的花对于色彩的追求可以不那么重要，毕竟黑漆漆的夜晚也无人欣赏，再说蝙蝠本身就是个“睁眼瞎”。

踏风而舞走他乡

大自然中的另一类花与虫媒花不同，它们不像虫媒花那样争奇斗艳，芬

芳宜人，而是朴实无华，借助风力来传粉，这也就是“风媒花”了。

这类花一般都比较退化，哪怕是有了花萼和花冠，也往往小而呈绿色，既没有蜜汁也没有芳香。昆虫和鸟类不会对这样其貌不扬的花朵产生兴趣。

但是它们却发展出另一种惊世绝技，花中几乎所有的构造都是为随风飘扬而精心设计。

风媒花往往多而密集，花粉的产量大、体积小，表面光滑，体态轻盈。不像虫媒花的花粉那样，表面有很多复杂的纹饰并富有黏性。

雌花的花柱比较长，柱头往往膨大成羽状，以便迎接随风而来的花粉。

有了这些结构，风媒花不必再担心失去昆虫和鸟类的帮助而无法生存。只要借助风的力量，它们的花粉就能远走他乡，与“心仪”的雌花相会。

成功的旅行者

自从被子植物拥有了真正的花，世界上便有了果实，它由花中的子房等结构发育而成，也是被子植物区别于裸子植物的另一大显著特征。

果实不仅为种子提供了保护，而且也供给种子萌发时所需的部分水分和养料，这使得被子植物的种子比裸子植物更容易存活，可能也是今天被子植物比裸子植物更具有统治力的原因之一。

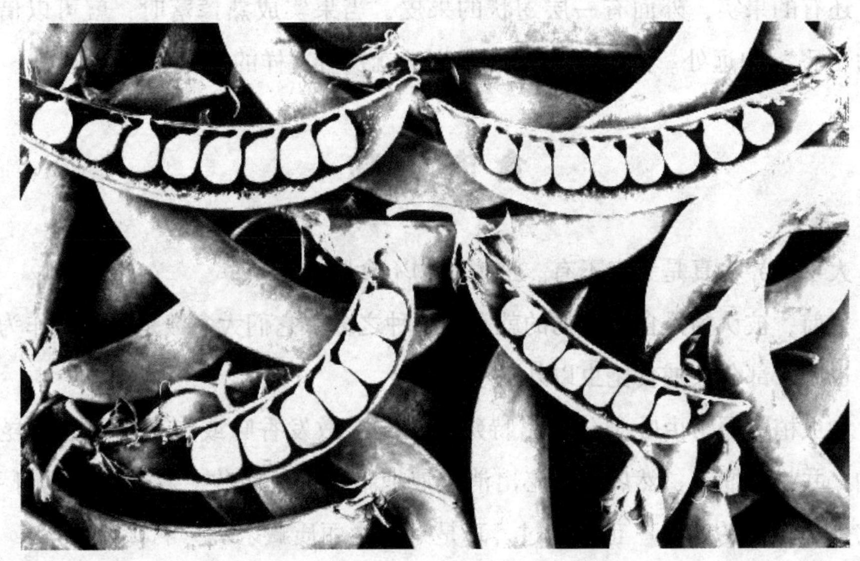

除此之外，果实的存在对种子的传播也非常有利。毕竟只有让后代走遍天下，才算是占据了植物王国的统治地位。为此，各种各样的被子植物在果实身上大下工夫。

有的果实瘦小而带有大量细毛，就像是小小的降落伞，借助风力就可以飞到数十千米外甚至更远的地方。蒲公英就是如此。

有的是带刺的干果，例如苍耳的果实，可以挂在鸟兽的皮毛上，乘坐免费的“班机”或“列车”，到很远的地方繁衍生息。“有鸟兽的地方就有我的子民”，真是“深谋远虑”的扩张策略啊。

有的果实颜色鲜艳，果肉肥厚多汁，味道可口，可以吸引鸟兽前来吞食。但是，它们的种子在种皮的保护下难以被消化，就会随着鸟兽的粪便传播到各处。樱桃就是很好的例子，真是“大丈夫能屈能伸，不拘小节”啊。

有的果实在成熟时会骤然裂开，像炸弹爆炸一样将种子弹射出去。这是像“凤仙花”和“喷瓜”那样的植物最拿手的绝活。凤仙花的果实成熟后，能把种子弹到 2 米远的地方去；而原产欧洲南部的喷瓜本领更大，能把种子连同果实中的黏液一起喷出 10 多米远，真是一肚子的蛮力啊，难怪人们又把它叫做“铁炮瓜”。不过喷瓜的黏液有毒，千万别让它溅到眼睛里哦！

还有的果实，外面有一层翅状的果皮，当果实成熟掉落时，就可以借着风力“飞”向远处。例如“槭”的果实，就长着这样的“翅膀”。

食肉植物

大千世界，真是无奇不有。谁说植物不食腥？

目前，被认为是食虫植物的就有 600 种之多。它们大多数是将昆虫作为猎物，也有一部分会捕食昆虫以外的小动物。

食虫植物通常由叶子分化出特殊的结构，散发香味或产生蜜汁引诱昆虫上钩，并将其捕获，然后再分泌出消化液把猎物消化吸收。看着这样的身手，说它是“美丽的杀手”也不为过。真是“天生丽质藏杀机”啊！

大多数情况下，食虫植物都生长在土地贫瘠的地方，因为那里缺乏足够的氮元素和其他一些营养物质，所以食虫植物需要捕食昆虫来进行补充。为了达到这个目的，食虫植物们可以说是“煞费苦心”，发展出各种各样的捕虫装置。我们不妨来看几个名声大振的“捕虫高手”。

(1)猪笼草。植株上形成了几个带有“盖子”的大“罐子”，里面装有可以消化昆虫的液体。而且“罐子”的内壁非常光滑，一旦昆虫被蜜汁所散发的香味吸引到此，就很容易失足滑进“罐子”里，成为猪笼草的美食。

(2)瓶子草。产于美洲，它的有些叶子也特化成瓶子状，有着非常狭长的“瓶颈”，里面密密麻麻生长着朝向瓶底的绒毛，昆虫受到吸引后，进去容易出来难，最终难逃厄运。

(3)捕蝇草。产于美国东南部地区的沼泽地中，它的叶子贴着地面呈莲座状，叶片特化成带有尖刺的夹子，叶子上长有敏感的触毛。一旦昆虫冒冒失失地碰到这些触毛，叶子就会像捕鼠夹子一样迅速夹紧，昆虫动弹不得，只能眼睁睁地看着自己的身体被慢慢消化。捕蝇草的叶子一旦夹紧，就要等到昆虫被消化殆尽后才会再次打开。达尔文把捕蝇草叫做“维纳斯的蝇夹子”。

更奇妙的是，只有当叶子上的两根触毛被连续触动或同一根触毛被反复触动，捕蝇草的叶子才会夹紧，否则它就熟视无睹。这个特性使它能够分辨掉到叶子上的究竟是昆虫还是其他无关紧要的杂物。

(4)茅膏菜。叶片表面布满附有红色黏液的红色腺毛，在阳光下恰似清晨的露珠，而且很富有诱惑力。当昆虫被这种鲜嫩欲滴的植物吸引过来时，就会被腺毛上的黏液粘住。昆虫拼命挣扎企图逃脱，却反而引起周围的腺毛分泌出更多的黏液，而且叶片还会卷曲，将昆虫包裹起来慢慢消化。说起来它还真是一个“温柔的杀手”呢。

(5)狸藻。是生活在水中的“捕虫能手”。它那些长在水里的叶子特化成囊状的捕虫器，开口处的“活门”上生有弹性的毛。当水中的小虫碰到这些毛时，活门张开，原本紧缩的捕虫器迅速张开将小虫吸入，活门也随之紧闭，直到小虫被消化吸收后，捕虫器才恢复原样。有的狸藻一年之内能捕食10万条以上的小虫，甚至还捕食小鱼，实在是大胃口的“水中猎人”啊！

第五章

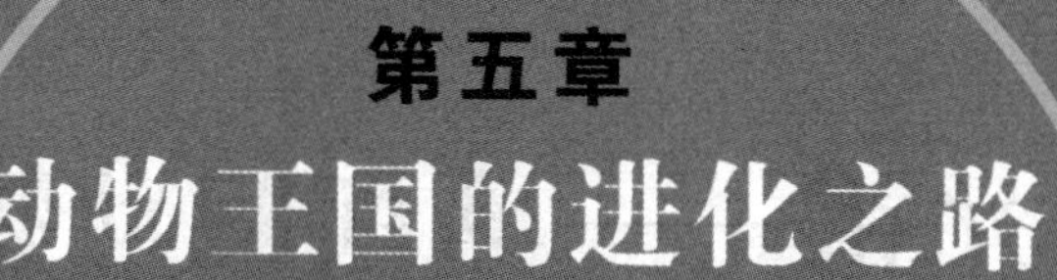

动物王国的进化之路

现代分子生物学的研究发现，动物生命的最简单形式，也就是低等的单细胞原生动物，很可能在10亿年前就已经存在于地球上了。但它们没有能成为化石的骨架，也没有足够的物质保存下来，使我们能够看见它们曾经活动的痕迹。

动物的元祖——单细胞动物

从元古代晚期的震旦纪开始，多细胞动物在海洋世界中登场了。当时这些动物一般都是裸露的，没有保护性的硬壳。发现于澳大利亚伊迪拉卡的距今 6.3 亿年前的软躯体动物群，正是这一时期有名的生物化石。我们可以借此穿越时空的阻隔，窥见当时生活在海洋中的多种生物，其中有漂浮游荡的水母，固着水底的海鳃类，还有蠕动爬行的环节动物。

珊 瑚 解 密

珊瑚虫的身体可以分泌钙质形成骨骼，但这个过程对环境因素的变化十分敏感。海水温度的季节变化和昼夜变化，直接影响珊瑚虫形成骨骼的速度：温度高，形成骨骼的速率快；反之则慢。

因此，在珊瑚虫骨骼的表面就会形成一条一条的生长线和生长带，它们反映海水温度的季节和昼夜变化。其中，生长带是珊瑚虫年生长变化的结果。夏季由于环境条件有利，珊瑚虫分泌的钙质较多，它的骨骼形成膨胀状的生长带，向外突起。而冬季生长条件不利，它分泌的钙质较少，骨骼就形成压缩状的生长带。仔细观察的话，还能发现每一个生长带内有很多宽度只有几

微米的细线，那就是生长线，它是珊瑚虫每天生长周期的反映。

这样，珊瑚虫的骨骼就记录了不同历史时期的季节和昼夜变化节律，有人把它称为“古生物钟”。

1963 年，威尔斯数了数距今 3.6 亿多年前泥盆纪半拖鞋珊瑚标本上的生长带，确定当时每年约 400 天，并据此推算出当时每天只有 21 小时 54 分钟。后来又确定石炭纪每年约 390 天。

腕足动物

腕足动物的身体外面有两个大小不等的外壳，所有内脏器官都容纳在外壳所包围的腔内，依靠纤毛的摆动从海水中滤食微生物。大多数腕足动物都附着于海底生活。

石燕是腕足动物中的一个类群，因其形如展翅的燕子而得名。在志留纪早期到侏罗纪早期的海洋中，它们是重要的动物类群之一。

海豆芽是腕足动物中的另一个类群，它的两个贝壳就像舌的形状，从舌形贝壳的后方伸出肉质的茎，用来固着在海底洞穴的底部。它们生活时的形态类似于豆芽，故而得名。

海豆芽的化石最早发现于寒武纪的地层中，到奥陶纪时最为繁盛，并一直保留至今，而且今天的海豆芽与亿万年前的样貌仍然非常相似，因此也被古生物学家叫做“活化石”。

棘皮动物

在今天的海洋中，生活着一些全身长满棘刺或突起的动物，我们称之为“棘皮动物”，常见的有海星、海参、海胆和海百合等。这类动物的家族史已经超过了4亿年之久。

海星的体型很像五角星，从中央的体盘向四周发出5个突出的腕。它们的身体扁平，口向下生长，腕上有很多管足，通过管足末端的吸盘吸附在海底而移动身体。

海星最早出现于距今4.4亿多年前的奥陶纪晚期，从那以后便一直在海洋中繁衍生息，延续至今。

海百合的身体分为茎、萼、腕三部分，是有柄的棘皮动物，大多数种类用茎固着在海底生活，远远看去好像植物中的百合花。

海百合最早出现于距今约4.8亿年前的奥陶纪早期，在石炭纪和二叠纪非常繁盛，其种数占了所有棘皮动物的1/3强，直到现在还有700多种生活在海洋中。

软体动物

在古生代和中生代的海洋里，生活着许多像今天的乌贼一样的头足动物，它们是一些古老的软体动物。

之所以称之为“头足动物”，是因为它们头部的那些腕是由足演变而来的。

从化石来看，这些古老的头足动物具有奇特的外壳，有的像牛角，叫做

"角石"；有的像菊花，叫做"菊石"。

角石的形态多种多样，有直形的、弓形的、环形的、旋卷形的等，非常漂亮。它们开始出现于寒武纪的晚期，奥陶纪时达到鼎盛，但是到了三叠纪时大部分都已经绝迹了，只留下其中的一类延续到现在，那就是分布在印度洋到太平洋热带海区的鹦鹉螺。

菊石与角石的基本构造相似，但它们可以在海洋中四处游动。它们于奥陶纪开始出现，自泥盆纪到侏罗纪最为繁盛，但是到了白垩纪的末期却灭绝了。它们与恐龙可以说是两个世界的霸主，因为在中生代的陆地上，恐龙是占统治地位的脊椎动物，而在同一时期的海洋里，菊石则是拥有霸权地位的无脊椎动物。

节肢动物

在古生代的海洋中，活跃着一种优美的节肢动物——三叶虫。它们的身体分为头、胸、尾三个部分，每个部分又分成很多节，从胸部长出很多对附肢，可以在海底爬行，也能在水中漂游。它们的背部被两条纵沟分成了左、中、右三叶，真是"虫如其名"啊。

三叶虫的家族其实非常庞大，仅从现在的化石中分辨的话，它们的种数已经超过了一万种。其生活年代差不多穿越了整个古生代（从距今约5.4亿年前至2.5亿年前）。尤其是在寒武纪，它们借助种类和数量的优势，统治着整个海洋世界，以至于人们把寒武纪叫做“三叶虫时代”。但是此后，由于角石类动物的兴起，三叶虫被大量捕杀，这个庞大的家族终于走向了衰败，并于距今2.5亿年前的二叠纪末灭绝了。

早期的鱼

鱼是我们都很熟悉的水生脊椎动物。它们身披鱼鳞，有上下颌，能自由开合，有成对的鳍，能在水中游泳。对于这些特点，哪怕是小学生也能说出一二来。

可是，你知道最早的鱼长什么样子吗？

1999年11月4日，国际著名的科学杂志之一——英国的《自然》杂志发表了一篇由中国学者撰写的，在学术界引起了强烈轰动的研究论文。文章报道了1998年在我国昆明滇池附近的早寒武纪地层中所发现的迄今所知最早的脊椎动物——昆明鱼和海口鱼。原来那时候的鱼既没有颌，也没有鳞，是全身裸露的呢。

脊椎动物虽然在距今5.3亿年前的早寒武纪就已经开始出现，但很长一段时间里，这些全身裸露的原始鱼形动物并未得到发展，古海洋中仍然是无脊椎动物的天下。距今4.4亿年的奥陶纪末期，由于大规模的冰川活动，地球上发生了一次生物大灭绝事件。躲过这场浩劫的古鱼类在志留纪时开始了分化，泥盆纪时达到了演化的鼎盛时期。因此，志留纪和泥盆纪被称为“鱼类时代”。

无颌的甲胄鱼

在4.3亿年前的志留纪，最早分化的是甲胄鱼类。这是一些全身披上“甲胄”的古鱼类。当然，这里所说的“甲胄”，实际上是一种含钙质成分的骨质甲片。

甲胄鱼类属于脊椎动物中最原始的类型——无颌类。它们还没有成对的

胸鳍和腹鳍，也没有演化出上下颌，口似吸盘，通常靠滤食海洋中的小型生物或微生物为生，有时候也可以吮食大型动物的尸体，主动捕食能力非常差。体长一般不超过30厘米。

它们发展到距今3.6亿年前的泥盆纪早期达到鼎盛，随后便逐渐衰落，于泥盆纪晚期就灭绝了。

有颌鱼类

在距今约4.3亿年前的志留纪早期，由原始无颌类动物中分化出了有颌脊椎动物，包括盾皮鱼类、棘鱼类、软骨鱼类和硬骨鱼类。上、下颌的出现是生物进化历史上的一次大革命。它提高了鱼类的取食和咀嚼功能，也因此而增强了鱼类的生存竞争能力。

以恐鱼为代表的盾皮鱼类也是一种带盔甲的鱼类，泥盆纪时曾经盛极一时。对于3.6亿年前的古海洋鱼类来说，体长10米的恐鱼简直就是一个“巨无霸”。

它的头和躯干前部都披着厚重的“甲胄”，甲胄的长度可达3米，上下颌非常强壮，凡是被恐鱼捕捉到的其他鱼类，都很难逃脱命丧黄泉的厄运。

盾皮鱼类笨重的“盔甲”虽然可以起到自我保护作用，但却为此而付出了降低灵活性的代价，没能成为水中的游泳健将，主要是在水底生活。

或许也正因为它们的灵活性不够，虽然它们曾经是泥盆纪古海洋的主宰，凶猛无比，但终究是昙花一现，在3.5亿年前的泥盆纪末期，它们与其祖先——甲胄鱼一起，退出了历史的舞台。

棘鱼类是目前所知最早的脊椎动物。它们的特征是在背鳍、臀鳍以及成对的偶鳍（胸鳍和腹鳍）之间具有粗粗的硬棘。它们的个体一般较小，体长很少超过30厘米。早期的棘鱼在近海浅水中游动生活，后来向淡水扩展。

棘鱼类的历史并不长，它们在志留纪早期出现后，经过大约1.7亿年的演化，于二叠纪早期灭绝。

软骨鱼类和硬骨鱼类是有颌类中获得成功的两个大的支系。

软骨鱼类包括各种鲨类和鳐类，中国4.3亿年前的志留纪地层中，曾发现最早的软骨鱼类化石。

硬骨鱼类是今天地球上水域的统治者，现在已经到达了它们演化历史的极盛期。今天生存的脊椎动物大约有5万种，硬骨鱼类中的辐鳍鱼类就占了其中的一半。但在鱼类繁盛的泥盆纪，硬骨鱼类还处于发展的早期阶段。这个时期，辐鳍鱼类的化石相对比较少。而硬骨鱼类中的另一支——肉鳍鱼类倒是获得了迅速的发展，并在3.6亿年前演化出了四足动物。如果光看它们的样子，真是让人难以想象：包括人在内的四足动物，竟然是从这样的肉鳍鱼类祖先演变而来的。

最早“登陆”的动物

远古的动物在海洋的摇篮中度过了“幼年时期”，以后它们中的一些种类就要离开这个摇篮，去寻找新的世界了，那就是它们从未涉足的陆地。

最早登陆的动物是古蝎类和蜘蛛类，它们都属于节肢动物。而在寒武纪的浅海中，最典型的节肢动物是三叶虫，古蝎类和三叶虫是近亲，它们最早可能都是由共同的原始祖先进化而来的。

节肢动物的登陆并不是偶然的，在志留纪晚期到泥盆纪，由于地壳挤压所引发的造山运动，使陆地大面积地从海底升起来，水面面积减少，气候也变得干燥。水生节肢动物常常处在浅滩或泥潭里。为了适应这种环境，它们开始分化出气管进行呼吸，并利用附肢和分节的身体在干涸的泥地上跳跃或者爬行。渐渐地，它们的鳃退化了，摇身一变，彻底成了陆生动物。

此后，登上陆地并能够安全生存下来的动物越来越多，陆地慢慢成了动物们的第二故乡。在这个过程中，脊椎动物的登陆具有重大的意义，因为它们以后要演化出人类这样的陆生智慧生命。

脊椎动物登陆

最早登陆的脊椎动物是什么样子的呢？这还得从1929年在格陵兰岛上发现的一个古生物说起，当时这个发现几乎震惊了全世界。因为它又一次证明了达尔文的进化学说，并且向世人显示了脊椎动物从水生向陆生过渡的这个“缺失的环节”。

1929年，瑞典地质学家库霖博士加盟科赫组织的格陵兰岛科考活动，成功地采集到一大批脊椎动物化石，大批化石中就包括第一件鱼石螈化石。鱼石螈的发现在国际学术界和公众中引起了极大兴趣，丹麦的媒体有趣地将它称为“四足鱼”。

鱼石螈是一种仍保留了某些鱼类特征的早期两栖类。今天的蝾螈，长着一个扁平的头，拖着一个长长的尾巴。如果光看尾巴，它更像鱼，有尾鳍，也有鱼鳞。但鱼石螈已经能够在陆地上爬行，并能用肺直接从空气中摄取氧气。

根据化石所提供的信息，鱼石螈体长60～70厘米。它的身体骨骼各部位的比例与象海豹十分相似，但比后者小得多。研究发现，鱼石螈的后肢并不强壮，它们的主要作用也不是支撑身体和行走，而是像一对划水的桨，用来辅助游泳。根据对鱼石螈骨骼特征的研究，推测它的长尾巴是在水中主要的划水工具，而后肢则起着桨和舵的作用；到了岸上，强壮的前肢才是真正的运动工具，它们拖着整个身体，包括后肢和尾巴，一点一点向前爬行。

如果我们亲眼目睹当年鱼石螈在岸上爬行的憨态，恐怕会忍不住笑出声

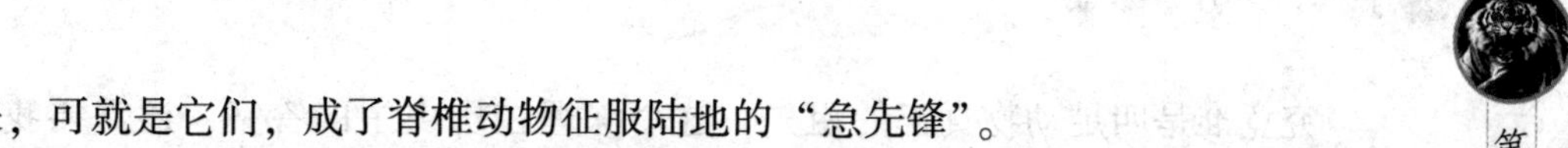

来，可就是它们，成了脊椎动物征服陆地的“急先锋”。

鱼石螈生活的时代距今已有3.6亿年。在很长一段时间里，它被认为是最早登陆的脊椎动物，也是泥盆纪四足动物的唯一代表。但是在1977年，澳大利亚发现了一件被认为是泥盆纪四足动物的下颌标本。此后，比鱼石螈更早的四足动物化石又陆续在俄罗斯、苏格兰、拉脱维亚和美国被发现。这些化石的发现，将四足动物的历史向前推进了1000多万年。

有人认为，最早的四足动物是从古代肉鳍鱼类中的总鳍鱼演化而来。

总鳍鱼类最著名的代表是加拿大发现的真掌鳍鱼。这是一种身体细长、肉食性的鱼类，有两个背鳍和一个上下对称的尾鳍，它的头颅、上下颌的骨片式样，与早期两栖类已经比较接近，偶鳍（胸鳍和腹鳍）的内部骨骼结构已具备四足动物肢体的雏形。

所以，20世纪80年代以前一般都认为，两栖类是由总鳍鱼类中的真掌鳍鱼发展而来的。

但是近年来，有人用分子生物学技术进行基因组测序和比较分析后发现，陆生四足动物与肺鱼之间有着比较密切的亲缘关系。一场争夺陆生脊椎动物祖先头衔的斗争，在同属于肉鳍鱼类的总鳍鱼和肺鱼之间展开了。

肺鱼生活在淡水中，除了以鳃呼吸外，还能用鳔在空气中呼吸，即使是在枯水时期，它们钻入淤泥之中进行夏眠，眠期可达数月之久。现存的种类有非洲肺鱼、澳洲肺鱼和美洲肺鱼。

虽然有分子生物学研究的一些证据，而且通过对各种总鳍鱼类头骨化石的研究发现，总鳍鱼不具有内鼻孔，这样就不能离开水在空气中呼吸，因而失去了到岸上生活的基础。但是，由于肺鱼的骨骼和偶鳍支持骨的结构与原始两栖类有明显的不同，所以目前多数人还是认为，两栖动物是由泥盆纪晚期的总鳍鱼类演化产生的，也就是说，最早登上陆地的是总鳍鱼类。

此外，包括我国古鱼类学家张弥曼院士在内的一些国内外科学家还支持另一种假说，即从一种接近古代总鳍鱼类和肺鱼类共同祖先的原始鱼类，进化出了陆生四足动物。

究竟谁是四足动物真正的祖先？这个深埋在历史中的答案，还需要我们进一步的探索。

水陆两栖

很久很久以前，一群“勇敢”的鱼率先爬上了陆地。它们学会了用肺呼吸，鳍也变成了强壮的四肢，并获得了“两栖动物”的称号。“登陆”的过程，对这些原本在靠近岸边的浅水里游动的生灵来说，或许只是迈出了一小步，但对于生命的演化来说却是值得纪念的一大步。从此陆地上就热闹起来了，四条腿的动物们有的爬行，有的奔跑，还有的长出羽翼飞上了天空。这一切都是源自“两栖动物”的出现。

如果我们用“水陆两栖的动物”来解释两栖动物的话，那恐怕就要把鳄和龟之类的爬行动物都扯到里面来了，我们可不愿意看到这样的笑话。

两栖动物是一种具有四肢的脊椎动物，它们皮肤中的腺体比较发达，而缺少其他四足动物所特有的鳞片、羽毛和毛发等表皮结构。大多数两栖动物的幼体生活在水中，像鱼一样有尾巴，并用鳃呼吸，而它们的成体在陆地上生活，用肺呼吸，尾部消失。这个发育的过程叫“变态”，是这类动物的一个重要特点。它们的卵没有硬硬的卵壳，多数产在水里或潮湿的环境中。

两栖动物一般是昼伏夜出，并以冬眠度过寒冷季节。但也有一些种类习惯于在白天活动，如南美洲热带雨林中生活着许多种体色斑斓的箭毒蛙，它们与生俱来的毒腺足可吓跑所有对它们心存恶念的动物，自然也就没有必要趁着夜色偷偷摸摸行事了。

古代两栖类

今天的两栖动物，如青蛙、娃娃鱼等，都是体表湿润光滑的，所以它们又统称为“滑体两栖动物”。然而在遥远的古生代，大多数两栖动物却带着厚厚的“盔甲”，身上长着鳞片，俨然一副笨重的体态。

古生代曾经有两大类两栖动物比较繁盛。这些动物的头部很大，结构坚实，覆盖有坚厚的骨板，所以也常常被称为“坚头类”。

第一类叫做迷齿两栖类，在它们牙齿的横断面上可以看到迷路状的珐琅质，因此而得名。它们是最早出现的两栖动物，也是地球上最早的四足动物，在距今3.5亿~2.5亿年前的石炭纪、二叠纪时期十分繁盛，从中生代初期开始逐渐衰落，一直延续到白垩纪早期，然后从地球上销声匿迹。迷齿两栖类在繁盛的时候种类繁多，有些个体到后来发展成2米多长，是当时陆地上一种可怕的捕食者。

第二类古老的两栖动物叫做壳椎两栖类。它们都是一些小型的，生活于沼泽、水边地洞中的两栖类，有的身体细长，有的扁平，体长一般小于30厘米。如二叠纪的笠头螈，头骨侧面和顶盖部分的骨骼向侧面极度生长，使整个头骨的形状像一顶斗笠，故此而得名。它们的身体扁平，而且肢骨又小又弱。显然，这种动物很可能属于底栖型的两栖动物，大部分时间可能都是待在小溪或池塘的水底生活的。

壳椎类最早出现于石炭纪早期（约3.4亿年前），在二叠纪的中期彻底灭

绝，其实，它们在这段时间里并没有真正地繁盛过。目前发现的壳椎两栖动物只分布在欧洲、北美和北非的古生代地层中，我国尚未发现这种动物。

在古生代“粉墨登场”的古老两栖动物中，多数种类都在演化过程中衰落并灭绝了，但从古生代的两栖动物中发展出了两个重要的分支，其中一支是向现代的两栖类方向发展，最后演化成为今天的青蛙、蝾螈、大鲵等滑体两栖动物；另一条道路或许更为重要，也更引人注意，即从迷齿两栖类中一个叫做“石炭螈类”的分支中演化出了爬行动物，后来又从爬行动物进一步演化出鸟类、哺乳类等。所以说，在低等的两栖动物中，孕育着以后更加高等的脊椎动物，从而最终出现了天空中飞翔的鸟类以及高等智慧生物——人类。

爬行动物统治时代

3 亿多年前，两栖类中一支特殊的队伍——迷齿两栖动物，为了更好地征服广漠的大陆，终于产下了“羊膜卵”。从此，地球上就有了爬行动物。

虽然迷齿两栖动物在古生代晚期的石炭纪和二叠纪曾经一度繁盛，但就在它们繁盛的初期，就已经有一个分支进化成了爬行动物。我

们不得不佩服它们的“远见卓识”，因为这些爬行动物的开创者日后逐渐崛起，最终在中生代一统天下，成为一代霸主。想想这样的场面：天空中翱翔着翼展达16米的翼龙，海中隐藏着重达150吨的蛇颈龙，陆地上则游荡着成群结队、大小悬殊的各类恐龙。海、陆、空三大领域全部接受爬行动物的统治，这样壮观的场面恐怕在整个生物进化历史中也是非常罕见的。

人类对探寻恐龙王朝时期的爬行动物抱有浓厚的兴趣，试图揭开它们的盛衰历史。

爬行动物如此强大的实力还要归功于它们所产下的“羊膜卵”，因为它使爬行动物在个体发育过程中真正摆脱了对外界水环境的依赖，从而比它们的祖先——古代的两栖动物，更加适应陆地生活。可以说，羊膜卵的形成是脊椎动物进化史上继“颌的出现”和“从水到陆”之后又一次关键性的飞跃。

羊膜卵的主要特点是具有羊膜、绒毛膜和尿囊膜。胚胎在羊膜卵所提供的羊水中可以免于干燥，而且还能与外界环境顺利地进行气体交换。在羊膜卵外，还包有一层钙质的硬壳或不透水的纤维质卵膜，能防止卵内水分的蒸发，避免机械损伤和减少细菌的侵袭。

正是得益于羊膜卵的诸多优点，即使是到了鸟类和哺乳类动物称雄的今天，爬行动物依然保持着一个强大家族的姿态，继续繁衍生息。

龟 类

龟类是比较特殊的动物，从它们所具有的坚硬外壳就能很容易地分辨出来。最有趣的是，大多数的龟都能把头、四肢和尾缩进壳内，虽然这让它们承受了“缩头乌龟”的屈辱，但不能否认，这恐怕是四足动物中最奇特的防御方式，而且也非常有效。

在人们的印象中，它们一直是长寿的标志，中国古代也经常能看到它们的雕像或者工艺品。虽然它们的寿命并不是真的有千年、万年，但一般也可以活到数十岁，有的甚至还创下了188岁高龄的纪录，的确无愧于“长寿动物”的美名了。

最原始的龟是原颚龟，与最早的恐龙几乎同时出现在2亿多年前，它已经有了和今天的龟相似的壳了。从此以后，龟的子子孙孙都有了一个壳。

龟类与大多数爬行动物一样是变温动物。主要分布在热带和温带地区。绝大多数龟鳖类习惯陆地生活，但一般居住在河流、湖泊附近以及沼泽和湿草地中。河龟是较常见的龟类，真正完全陆生的龟类并不多。最引人注目的，当数生活在南半球加拉帕戈斯群岛的象龟，它们可以一生不到水中生活，靠仙人掌为食，只在繁殖期会饮水。成年象龟体长可达到1米，体重160千克。在我国云南发现的2000多万年前的路南陆龟，身体大小与象龟相仿。在印度还发现过更大的陆龟，其背甲长达2米。在其他大陆，也有大型陆龟化石被发现。可见当年这些大型龟类是广泛分布的，但后来都灭绝了。可能象龟也只是因为生活在岛上才苟延残喘生活到今天。但它们已经面临窘境，急需保护。

还有一些龟类则适应海洋生活，产生了桨状的附肢，只有在产卵期间才回到沙滩。现在生活在海洋中的龟有棱皮龟和海龟两大类。棱皮龟是现存最大的龟鳖类，最大体长可达3米，重960多千克，俨然是一个庞然大物。

在许多人的印象中，龟的运动速度缓慢，但它们在海中却也是个灵活的游泳高手。而且棱皮龟受惊吓时的速度可以达到每小时35千米。这些龟在大海中生活，却总是不远万里回到出生地产卵。它们对出生地的这份眷恋和在茫茫大海中精确定位的能力，着实让人惊奇。

多年来，由于人类对海龟的肆意捕杀，再加上生存环境的日渐恶化，它们的数量正在急剧减少，现存的大多数海龟种类都被列为濒危物种。

巨鳄传奇

鳄鱼是一个拥有2亿年历史的爬行家族，现在发现的最早鳄鱼化石与恐龙一样，出现在三叠纪晚期，但科学家们相信，鳄鱼起源的时间比恐龙还要早。这个历史悠久的家族目睹了爬行动物的兴衰、恐龙的灭亡以及鸟类和哺乳动物的兴盛。直到今天，它们依然注视着地球上的生命不息，可谓是一类非常成功的爬行动物。

在1亿多年前鳄鱼繁盛的年代，有一种叫做“帝王鳄”的古代鳄鱼，体长可达11～12米，仅头部就有1人多长。它们生活在大河深处，凶残无比。根据它的头骨构造和满嘴粗大尖锐的牙齿，科学家们推测，不仅河里的鱼是它们的食物，甚至连中生代的霸王——恐龙，也常常成为它们的“家常便饭”，堪称“恐龙杀手”。

其实，帝王鳄还不算是最大的鳄鱼。生存于美国白垩纪晚期的一种叫做“恐鳄”的鳄鱼，体长达到15米，是已知鳄鱼中的“至尊巨人”。

后来，人们在暴龙类中的阿尔伯塔龙的骨骼上也发现了被恐鳄咬噬过的痕迹，难道对强如阿尔伯塔龙的大型食肉恐龙，恐鳄们也敢进攻？

鳄鱼的成功应该归功于它的身体结构：它的心脏和鸟类、哺乳类一样已经发展出有4个房室，使得身体各部分供氧充足；它忍饥挨饿的能力很强，已知有的种类即使半年不吃也不致饿死。它的身体构造则非常适应水中的生活。

鳄鱼在进入新生代以后的几千万年里，身体构造基本定型，没有发生大的变化。因此，鳄鱼也被称为“活化石”。大多数鳄鱼都长着扁平的头，有一个长长的吻部，嘴里长着圆锥形的牙齿，非常适合捕杀猎物。

一般来说，人们印象中的鳄鱼总是凶残成性的“冷血杀手”，因此对其敬而远之。其实，在鳄鱼的演化历史中，不仅有像帝王鳄和恐鳄这样凶残的肉食者，而且也有许多温顺的植食性鳄鱼。

即使是在肉食性鳄鱼中，有些种类也并不凶残。在现存的20多种鳄鱼中，只有两种被列为“食人鳄”。一种是今天唯一能在海中生活的鳄鱼——湾鳄，它的体长一般有6~7米，最大的据说有10米；另外一种是产于非洲的尼罗鳄。大多数鳄鱼通常不会主动进攻人类，尤其是产于我国长江中下游，也是唯一生存于温带的现存鳄鱼——扬子鳄，性情非常温和。

在爬行动物的进化历史中，鳄鱼是一个成功的典范，即使是6500万年前令中生代霸主——恐龙灭绝的残酷考验，也没能消灭顽强的鳄鱼。但是，它们却无法抵御来自人类的威胁，最近的科学调查表明，在现存的20多种鳄鱼中，已经有16种濒临灭绝。

海中恐龙

2亿多年前的三叠纪，在恐龙刚刚登上陆地之前，那时候称霸海洋的已经是形形色色的海生爬行动物了。当时海洋中的爬行动物与现在的不同，不仅种类更为丰富，而且体型巨大，形状怪异。

在中生代的海洋中，龙的影子总是那么伟岸，鱼龙和蛇颈龙是它们当中最负盛名者。

鱼龙是一类高度适应水生生活的已经灭绝的爬行动物。最初，它们的化石在18世纪初被发现的时候，人们还以为是看到了古代死去的海豚或鳄鱼。

鱼龙具有流线型的体形和桨状的四肢，与海豚的外形的确有些相似。它们的嘴巴长而尖，上下颌长着锥状的牙齿，整个头骨看上去像一个三角形。头两侧生有一对大而圆的眼睛，眼睛的直径最大可达30厘米，这是现代动物所望尘莫及的，即使是今天脊椎动物中最大的眼睛——蓝鲸的眼睛，直径也才15厘米。因此，鱼龙可以在光线暗淡的夜间或者深海里追捕猎物。据科学家估计，鱼龙可以潜到海面以下500米的地方。

绝大多数爬行动物在繁殖后代的时候都是卵生，把蛋产在沙里或者窝里。可是鱼龙已经非常适应水中生活，没法再回陆地产卵了，它们如何繁殖一直是个谜。

后来在德国发现了肚子里有胚胎的鱼龙化石，人们才恍然大悟，原来鱼龙能够直接产下幼仔。

迄今为止，人们已经发现有胚胎的鱼龙化石近百条，这些化石多数在腹部保留着1～4条胚胎化石，最多的达到12条。

科学家们目前一致认为，鱼龙是产仔的动物。他们甚至找到了处于分娩过程中的鱼龙化石，在这些化石中，小鱼龙一半位于母亲体内，另一半已经在母亲的身体外面了。

鱼龙分娩时，尾巴首先从母体中伸出，这和现在的鲸是一样的。这一点很重要，因为作为用肺呼吸的海洋生物，如果是头部先出生的话就等于判了死刑。

蛇颈龙和上龙是人类很早就发现的另外一类古代海洋爬行动物，曾经广泛分布在侏罗纪和白垩纪的海洋中。

蛇颈龙身体宽而扁，有一条长长的脖子和一个小小的脑袋，就像一条蛇躲在海龟的硬壳中。体长可达10多米，而脖子就占了身体长度的一半。它们主要以鱼和菊石等生物为食。

上龙是蛇颈龙的近亲，但它们的头很大，脖子比蛇颈龙短，牙齿极为锋利。其中最大的种类体长可达25米，仅头部就有5米长，是侏罗纪唯一一种体形与现代蓝鲸相仿的海洋爬行动物，估计体重可能有100多吨。拥有如此体型和利齿的上龙，进攻当时海洋里的任何动物都不在话下。

迄今为止，人们还没发现过带胚胎的蛇颈龙或上龙的化石，所以还不能确定像它们这样的水生爬行动物究竟是怎么繁殖后代的。从它们的骨骼化石来看，它们应该还具有在陆地上爬行的能力，当然这种爬行能力已经十分有限了。所以尽管还没有找到化石证据的支持，一些科学家还是觉得存在“胎生”的可能性，而且人们至今也没有发现它们的卵所形成的化石。

空中霸主

在恐龙统治世界的年代，爬行动物可谓是鼎盛无比，即使是其他动物所向往的天空，也被翼龙占据，使它们成为名副其实的“空中霸主”。

翼龙是恐龙的近亲，起源于大约2.15亿年前的三叠纪晚期，在6500万年前的白垩纪末走向灭亡。

翼龙的骨骼构造非常特殊，它们的化石刚被发现时，甚至被误认为是鸟类和蝙蝠的过渡类型。其实，它们比鸟类早了约7000万年飞向天空，并在地球上成功地生存了1.5亿年。翼龙为了适应飞翔的需要，已经发展出许多类似鸟类的骨骼特征，例如头骨多孔，骨骼中空，以便减轻身体的重量；胸骨和龙骨突发达，适于强壮的胸肌附着，等等。

但翼龙还不能像鸟类那样自由地、长距离地飞翔，只能在它们的生活环境附近，如海边、湖边的岩石间或树林中滑翔，有时也在水面上盘旋。

目前已经发现了120种以上的翼龙化石，它们的大小差别悬殊。有的翼龙展开两翼，长度可达16米；可有的却娇小如麻雀，实在与“空中霸主”的名头对不上号。

这些大大小小的翼龙大致可以分为两大类：一类是早期的喙嘴龙，主要生活在侏罗纪，它们比较原始，有一条很长的尾巴；另一类是晚期的翼手龙，主要生活在白垩纪，尾巴很短甚至消失。

在人们对翼龙化石的研究结果中，有一点令人非常吃惊：虽然翼龙属于爬行动物，但它们很可能是温血动物！

20 世纪初就有人推测，翼龙具备快速运动的能力，而且像蝙蝠一样，身体长毛，并有着与鸟类相似的生活习性，是体温恒定的温血动物。后来在德国发现的喙嘴龙化石上，的确找到了毛的印痕。

翼龙身体上的这些“毛”具有隔热保温的作用，能够防止体内热量的散失，从而调节体温。这一点很像现在的温血动物，而且在翼龙的骨骼中，已经有了像鸟一样能够调节体温的小气囊。

随着越来越多的带毛的翼龙化石被发现，很多相关研究也使人们更有理由相信，翼龙为了适应飞行生活的需要，已经发展出自身产热和保持体温恒定的生理机制。而且，它们的新陈代谢水平较高，具备发达的神经系统和高效的呼吸、循环系统。

翼龙常生活在湖泊和浅海的上空，那里有它们喜欢的各种食物。某些翼龙还具有脚蹼，可以在水中捕食游动的鱼、虾等水生小动物。

陆上的王者

离开海洋，仰望天空，中生代的恐龙在陆地上站稳了脚跟，过足了“地上霸王”的瘾。

一说起恐龙，很多人马上就会联想到四肢粗壮、体型高大的庞然大物。面对那些数十米长、几十吨重的大型恐龙，它们那种“仰天长啸、地动山摇”的神武，的确让我们震撼。但是，并非所有的恐龙都像我们想象中那么高大，它们当中也有小巧灵活的种类，或许我们还不知道它们是怎样的“尊容”。就让我们把目光聚集到遥远中生代的大地，来看看恐龙家族的真实面目。

古生物学家在研究恐龙的时候，根据腰带骨骼的差异，把它们分成蜥臀类和鸟臀类两大类型，我们就顺着这个线索，结识一下千奇百怪的恐龙们。

蜥臀类

这个大类包括了两类截然不同的恐龙：一类是两足行走的肉食性恐龙，另一类则是四足行走的植食性恐龙。

在肉食性恐龙中，有的个体较小，骨骼中空，被称为“虚骨龙”。它们身体轻巧，活动自如，过着快速、活跃的捕食生活。它们当中个体最小的只有今天的鸽子那么大，例如在欧洲发现的大约1.4亿年前侏罗纪晚期的美颌龙。即使是体型较大的，也只有鸵鸟那么大，例如白垩纪生活在北美洲的似鸵龙。科学家们推测，似鸵龙的奔跑速度绝不比鸵鸟逊色。

而另一些肉食性恐龙，科学家们干脆就直呼其为“肉食龙”。它们比虚骨龙要大得多，骨骼也相应加重，头骨很大，口中长有尖锐且带锯齿的牙齿，是名副其实的凶猛肉食者。侏罗纪晚期的跃龙和白垩纪晚期的霸王龙就是典型的代表。生活在北美洲白垩纪晚期的霸王龙化石，体长约12米，体重可达6~8吨。而在亚洲发现的白垩纪晚期的特暴龙化石，体长约15米，体重约6.3吨。鉴于肉食龙庞大的体型，再加上它们的前肢短小，科学家们推测它们不是活跃的主动捕食者，而是靠吃腐肉为生的，这可能与我们的想象有些出入。

蜥臀类中的植食性恐龙，体型一般都很巨大。像在美国发现的生活在1.4亿年前的超龙化石，可能是有史以来陆地上生存过的最大动物，它的体重超过100吨，体长可达42.7米。在我国新疆发现的中加马门溪龙化石体长也有26米，是目前我国发现的最大恐龙。此外，雷龙、梁龙、腕龙等，也都属此类。

人们不禁要问：如此巨大的恐龙，它们能在陆地上站起来吗？科学家们根据这些恐龙长脖子、弱牙齿以及某些种类的鼻孔位于头顶等特点，推测它们可能生活在沼泽或者湖泊中，靠水的浮力来减轻四肢的负担。但也有人认为，从它们四肢骨骼的化石来看，完全有可能承受住自身的体重，而长长的脖子正好可以吃到高大树枝上的嫩叶。但它们可能主要出没于沼泽和湖泊周围的潮湿环境中，因为这里不仅植物繁茂，而且离水又近，可以快速躲入水中，逃避陆地上肉食恐龙的追杀。

鸟臀类

这类恐龙的腰带骨骼结构与鸟类相似，从形态上看都很特别，有的嘴巴像鸭嘴，有的背上长有三角形的骨板，还有的头上长角，真是千奇百怪。

鸭嘴龙在白垩纪非常繁盛，它们的嘴巴宽而扁，而且口中的牙齿特别多，少的有200多个，多的可达2000个，真是让人瞠目结舌！这些牙齿一行一行交错排列在牙床上，如果上面一行被磨掉了，下面的牙齿还可以继续使用，正所谓“有备无患”啊。

现在一般认为，鸭嘴龙是在沼泽地中生活的，并常常潜水，甚至有人发现它们具有类似于鸭的脚蹼的构造，说明它们可以在水中游泳。

剑龙的最大特点是背上有两排接近三角形的骨板，尾巴末端有四根骨刺。据说在骨板内分布着大量的微血管，可以用来调节体温。而尾巴上的骨刺是防御肉食性恐龙的有效武器。它们的体长可达6米，却只有核桃般大小的脑，实在与其体型不相般配。幸好它们的肩部和腰部还各有一个膨大的神经节，可以弥补脑量太小的尴尬。剑龙主要生活在侏罗纪，只有极少数延续到白垩纪，算是恐龙家族中的“短命”成员了。

甲龙是一种身披骨甲和骨片的恐龙，只生活在白垩纪，体长约6米。它们的头部和身体几乎都被坚硬的骨甲所包围，就像是一辆“装甲车”，而且，尾巴末端还有一个重重的骨质尾锤。当它们受到肉食性恐龙的进攻时，尾巴一扫，让来犯者难以近身，否则就可能付出皮开肉绽的惨重代价了。

角龙是鸟臀类中最后出现的一种恐龙，它们的主要特征是头上长角，整个头骨向后延伸，把颈部都掩盖起来，真是不错的防御武器。不过最原始的角龙头上并没有角，称“原角龙”，它们进化到后来才产生了角。可惜的是，这些植食性的角龙只在白垩纪晚期生存了2000万年左右就灭绝了。

王朝的颠覆

古生物学家的研究表明，恐龙是在距今2亿年前的三叠纪晚期，由比较进步的一类爬行动物演化形成的。它们经历了大约1.5亿年的陆地生活，于距今6500万年前的白垩纪末期全部灭绝。它们的生活时间差不多贯穿了整个中生代，并且分布广泛，种类繁多。所以，有人把中生代叫做“恐龙时代”。

既然恐龙家族在中生代如此显赫，为什么到了中生代结束时，它们就全部灭绝了呢？这个问题困扰了古生物学家很久，他们也试图寻找各种证据来解释这个千古之谜。

撞击学说

20世纪80年代，有人提出了恐龙灭绝的“撞击学说”。这个学说描绘了恐龙灭绝时期，地球上一场惊天动地的巨大变故。

一颗耀眼的星体划破长空，纵身飞入大气层，向着地面呼啸直下。与大气的摩擦使得这个星体燃起熊熊火焰，并且四分五裂，无数碎片像流星般洒落。但是，星体的主要部分并未瓦解，它就像是从天外搬来的一座大山直压下来。最后，随着一声轰然巨响，星体与大地发生了猛烈的撞击。这次空前绝后的撞击立刻引发了巨大的爆炸，滚滚浓烟、漫天尘埃，还有那排山倒海搬的凶猛海啸，发狂一样地席卷着整个大地。在生命摇篮中漫步的生灵们，迎来了它们的噩梦。

据科学家们推断，这次撞击的力量，相当于人类历史上曾经发生过的最强烈地震的100万倍，爆炸的能量相当于今天地球上所有核武器总量爆炸的1万倍。爆炸所引发的尘埃飘荡在空中，久久不能落下，就连阳光也不能透过

尘埃照射大地。在昏天黑地中，植物逐渐枯萎死亡，庞大的植食性恐龙在饥饿中倒下，缺少食物的肉食性恐龙也只能在绝望和相互残杀中度过余生，慢慢消亡。几乎所有的大型陆生动物都没能逃过此劫，它们在饥寒交迫中无奈地死去。只有一部分小型的陆生动物，靠最后残余下来的食物勉强维持生计，终于熬过了最艰难的时期，迎来了它们的再次繁荣。

科学家们在中生代的白垩纪和新生代的第三纪之间的地质界线上，发现了含量异常高的铱元素和冲击石英。已知铱元素在地球上如白金一样的稀少，而在陨星上却含量十分丰富。这就为恐龙灭绝的“撞击学说”提供了有力证据。而冲击石英也可能就是在撞击过程中形成的。

逐渐衰亡

有不少学者认为，恐龙大灭绝并没有人们想象的那样惊心动魄。和许许多多其他已经消失的物种一样，恐龙的灭绝也是它们不能适应地球环境的变化而产生的一种正常现象。当时，海平面大幅度下降，大陆面积相应扩大，气候更加干燥，植物的数量也逐渐减少。这是导致恐龙灭绝的主要原因，就算存在小行星撞击地球，可能也只是对恐龙灭绝起了最后一击的作用。

科学家们发现，大多数恐龙在白垩纪末期以前就已经从地球上消失了，即使是白垩纪末期的恐龙，也是逐渐地衰落的。美国科学家研究了白垩纪最末期的恐龙化石记录，发现包括恐龙在内的各种各样的脊椎动物，是在大约50万年的时间内慢慢地消亡的。

环境污染

科学家们研究了我国南雄地区白垩纪末期的恐龙蛋化石。他们发现这一时期的恐龙蛋壳中，包括铱在内的许多种元素的含量很异常。用电子显微镜观察这些恐龙蛋，发现它们具有病态构造，壳易碎，无法正常繁殖。

他们推测，在白垩纪末期至第三纪早期，频繁的火山爆发形成了漫天飞舞的火山灰和有毒气体，环境受到严重污染，气候变得恶劣。这样的环境，尤其是被污染的食物，对恐龙的生理机能造成了强烈的负面作用，影响了它

们的繁殖，最终导致了恐龙灭绝。

持这种观点的人也认为，恐龙灭绝的过程可能持续了相当长的时间，而不是单凭一声巨响就把恐龙消灭干净了。

6500万年前，称霸陆地的恐龙究竟为什么从地球上消失了？或许这个问题的答案很复杂，既有来自地球外部的原因，也有来自地球本身的因素；既有环境的影响，也有恐龙自身的生理原因。这个千古之谜，还需要更多的研究才能让它水落石出。

鸟类的天空

鸟类是我们所熟知的一类高等动物，它们当中除了鸵鸟等少数种类之外，一般都具有飞行能力。不管它们能不能飞，都具有一个共同的特征，那就是身体表面长着羽毛。今天占领天空的鸟类究竟是怎么来的？这个问题的答案一直是古生物学家们所梦寐以求的。

1861年，在德国的巴伐利亚州发现了距今1.4亿年前侏罗纪晚期的始祖鸟化石，它就被当成今天鸟类的祖先。可惜的是，在发现始祖鸟的地区，能够找到的原始鸟类化石实在是太少了，科学家们无法知道这些原始的鸟类是怎么一步步变成今天的鸟类的。

早期的研究认为，鸟类起源于一类骨骼中空的原始鳄形动物——假鳄类，它们的背部具有长长的鳞片。但是，假鳄类生活在距今2亿年前的三叠纪，而

目前所能发现的最早鸟类化石也只是在1亿年前的侏罗纪晚期。在这长长的1亿年时间里，假鳄类是怎么进化成鸟类的？没有证据。

20世纪80年代初，有人根据始祖鸟和虚骨龙之间的诸多相似之处，认为鸟类起源于能够飞快行走的肉食性恐龙——虚骨龙。但是这个观点在十几年间都没能找到令人信服的化石证据。直到1996年“中华龙鸟”的发现，人们才茅塞顿开。

中华龙鸟

1996年9月，在我国的辽宁省西部发现了一种奇怪的动物化石：它的个体大小与家鸡相似，头很大，满嘴长着带有小锯齿的尖锐牙齿，前肢非常短小，尾巴却出奇的长，它的背部从头到尾长着毛状的结构。这种被命名为“中华龙鸟”的动物就是世界上发现的第一种长着原始羽毛的恐龙。除了具有羽毛的特点之外，中华龙鸟的其他特征都与同一时期的虚骨龙非常相似。这就为鸟类起源于虚骨龙的观点提供了强有力的证据。

孔子鸟

今天我们看到的鸟类，口中已经没有了牙齿，它们靠“喙”来啄取食物。而在遥远的中生代，大多数鸟类都保留着牙齿，这是一种原始的特征。不过也有例外，在辽宁西部的中生代地层中发现的孔子鸟就是典型的例子。

孔子鸟是世界上已知最早有喙的鸟类，比大多数中生代的鸟类都要原始，

它们翅膀上的利爪还相当发达。与绝大多数中生代早期的鸟类不同，孔子鸟的牙齿已经完全退化。它的飞行能力比始祖鸟要强，而且后肢也已经更适合于攀援树木。此外，孔子鸟还有一点与始祖鸟非常不同，那就是孔子鸟骨质的尾椎已经愈合为一根较短的尾综骨，而始祖鸟还保留着 23 节自由的尾椎。虽然，具有角质喙这一特征和现存的鸟类相同，但孔子鸟显然是一类十分特化的鸟类，它和现存鸟类的起源没有直接的关系，可能是鸟类进化过程中很早就分离出去的一个旁支。

有趣的是，孔子鸟的雌雄个体常常相伴而生，雄鸟拥有一对很长的尾羽，而雌鸟的尾羽则短得多。看来，在遥远的中生代就已经有了“比翼双飞”的美丽传说了。

孔子鸟可能已经成为知名度仅次于始祖鸟的化石鸟类。

长翼鸟

在我国辽宁西部发现的中生代鸟类化石，其种类、数量和保存的精美程度，都远远超过了世界上其他任何一个地区，堪称世界之最。这些发现大大填补了从始祖鸟到白垩纪晚期鸟类进化过程中的空白。

侏罗纪晚期的始祖鸟主要是适应陆

上生活。到了白垩纪，虽然大多数鸟类仍然生活在树上，但也有一部分开始适应不同的生活环境。长翼鸟就是一个典型的代表。

从长翼鸟的化石来看，这是一类树栖能力很强的鸟类。它的后肢短小，但前肢却十分发达，表明它拥有强大的飞行能力。而且嘴巴较长，并有锐利的牙齿，因此推测这可能是一种以鱼类等水生动物为主要食物、生活在水边树上的鸟类。

长翼鸟可能具有与现代的翠鸟非常类似的生活方式。它可以长时间地栖息在树枝上，一旦发现水中的猎物，凭借身体的重力、后肢的弹力和两翼的推动力快速向下俯冲，用长嘴捕捉猎物，然后用翼迅速拍打水面起飞，并返回到树上，享受它的美餐。

哺乳动物时代

爬行动物从石炭纪中期起源后迅速发展起来，到了二叠纪初期，爬行动物已经发展成为在陆地上占绝对优势的类群。它们以一种压倒性的优势使那个时期成为“爬行动物时代”，并持续了一个非常漫长的时期，长达2亿1500万年之久。在6500万年前的恐龙大灭绝之后，“哺乳动物时代”开始了，并一直延续至今，具有高度智慧的人类也生活在这个时代中。

我们可别想当然地认为，哺乳动物应该起源于某种曾经称霸陆地的恐龙。其实，哺乳动物的祖先可以追溯到比恐龙更早的年代，大约在2.2亿年前，就生活着一类叫做“兽孔类”的“似哺乳类爬行动物”。

兽孔类的头骨上有一个颞孔，牙齿出现了典型的分化，有了门齿、犬齿和颊齿的分别，这些都是和哺乳动物一样的特征。而且，它们很可能已经身

披毛发，是恒温动物了。

在兽孔类发展到后期的一些动物身上，如“三尖叉齿兽”，牙齿有了更加进步的变化，这些牙齿不仅可以准确地咬合，而且下颌骨还能做前后运动和来回转动，使食物能够被反复而有效地咀嚼。这些特征在现代哺乳类的牙齿上有了充分的发展。

与龙共舞的早期哺乳类

在古老的中生代，当恐龙这样的大型爬行动物统治地球的时候，还生活着一类特殊的脊椎动物，它们身披毛发，以胎儿的形式繁衍后代，幼体刚出生后，由母兽哺乳。它们就是早期的哺乳类动物。

目前已经发现的最早的哺乳类动物化石，形成于大约 1.5 亿年前的侏罗纪晚期，尽管这样的化石现在被发现的还十分稀少，但中国辽宁省找到的“张和兽”“热河兽”“爬兽”和“中华俊兽”等，为早期哺乳类动物的研究提供了重要的信息。

1994 年，在中国的辽宁西部发现了迄今为止世界上保存最好的早期哺乳动物化石，并以它的发现者——张和的名字命名为“张和兽”。

这只张和兽的生活年代是距今大约1.25亿年前的白垩纪早期。它的尾部没能保存下来，化石全长14厘米左右，估计它生活时的身体长度超过25厘米。古生物学家从它的牙齿构造推断，认为这可能是一种主要以昆虫为食的动物，也是现代哺乳动物较古老的旁系祖先。

爬兽化石的发现让人们格外惊奇，因为在人们的印象当中，中生代是恐龙独霸天下的时期，那时候的哺乳动物都是像老鼠一样毫不起眼的小个子，生活在恐龙的阴影之下。而中国科学院古脊椎动物与古人类研究所的研究人员在辽宁却发现了一种生活在中生代的大型哺乳动物——强壮爬兽的化石。它的体长大约60厘米，在其胃部的地方，竟然有一些恐龙幼崽的骨骼。这是考古学家首次在哺乳动物的肚子里发现食物，而这食物居然还是十多厘米长的恐龙幼崽。

特殊的哺乳动物

尽管像强壮爬兽这样的动物在早期的哺乳类中已经算是“大块头”了，甚至还有胆量捕食恐龙幼崽，但在绝大多数恐龙眼里，这些哺乳动物依然还只是“小不点”。可就是这些小不点的后代们，躲过了让恐龙绝望的灭顶之灾，这绝不是靠一时的运气，而是与它们身怀的绝技息息相关的。

首先，它们身上的毛发能够有效保持体温恒定，完善的循环系统强化了新陈代谢，使它们对外界环境具有更好的适应能力。现代的绝大多数哺乳动物都无需冬眠，有的甚至能在严寒的地球两极生存。

其次，哺乳动物的摄食器官更加完善。下颌骨的愈合使它更加坚固，牙齿分化成门齿、犬齿、前臼齿和臼齿，兼有剪切和研磨食物的功能，使食物的咀嚼更加充分，而且也使得食物的类型可以更加广泛。

再次，哺乳动物的听觉器官更加进步。在它们的中耳内有3块听小骨，而其他四足动物的听小骨只有一块。这种进步大大提高了哺乳动物的听觉，现存哺乳动物能够听见的最高声音频率平均可以达到54千赫，而爬行类和鸟类

却只有10～15千赫。这样，哺乳动物就能比其他动物更容易觉察到食物和敌害的动向，以便迅速作出反应。

还有，哺乳动物的四肢结构发生了重大变化。大多数现存的哺乳动物在运动和站立时，四肢是直立在身体下面的，而现存的爬行动物就不同了，它们的四肢都是向外展开的，所以只能趴着行走。哺乳动物的直立形态不仅更加适合于快速的运动，而且还更加省力。

此外，哺乳动物的生存环境也有了更大的拓展。它们不仅可以在地上和树丛中生活，而且有些种类还适应了穴居生活。这样，它们的觅食范围就大大增加了，也更容易躲避敌害。

所有这一切，都预示着哺乳动物日后将成为地球上新的主宰。

中生代曾经称霸世界的那些恐龙们，当它们趾高气扬、横行天下的时候，恐怕做梦也想不到，这些见了自己就胆战心惊的小小哺乳动物，竟然能够挺过白垩纪末期的大劫难，而且它们的子子孙孙竟在恐龙灭绝之后接管了整个世界。可是再一想，毕竟恐龙确实“技不如人”啊。

新生代到来

6500万年前的白垩纪末，恐龙在地球上消失了，这标志着中生代的结束和新生代的开始。此时的地球比较温暖，森林一直分布到地球两极，再加上大型植食性恐龙的灭亡，使森林变得更加茂密。早期的哺乳动物在目睹了恐龙王朝的兴衰之后，终于可以扬眉吐气了。它们沿着祖先们为自己开辟的光明大道，开始了新的征程。

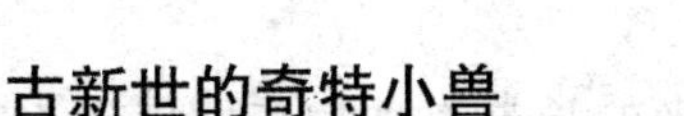

古新世的奇特小兽

古新世是新生代的第一阶段，从距今6500万年到5500万年，经历了大约1000万年的时间。这个时期的哺乳动物个体不大，多数都是一些奇形怪状的新生种类：如钝脚类的“阶齿兽”、食肉的“中兽”“冠齿兽”，等等。

始新世的新兴兽类

始新世是新生代的第二个阶段，从古新世后经历了2000万年。当时地球上的气温升高到了新生代开始以来的最高值，植被更加繁茂，哺乳动物也不失时机地分化出更多的门类，出现了奇蹄类、偶蹄类和啮齿类。

其中，奇蹄类发展得特别迅速，产生了马、犀、貘、雷兽等多种类型。除了始祖马、始祖貘、貘犀等原始种类外，还有蹄上生爪的“爪兽”和鼻上生角、身躯巨大的“王雷兽”以及超重量级的“尤因它兽”，等等。

始祖马出现在始新世最早期，体型只有小狗般大小，身体轻巧灵活，前脚4个脚趾，后脚3个脚趾，有小蹄，但前脚起作用的只有3个趾头，属于奇蹄类动物。四肢细长，适于奔跑，背部弯曲，尾巴较短，生活在热带的森林和沼泽地带。随着始新世早期的结束，始祖马灭绝了。

尤因它兽是恐龙灭绝2000多万年以后陆地上首次出现的“泰坦级”动物，体长可达4米，肩高1.6米，体重可达4.5吨，与今天的非洲大犀牛相仿。乍一看去它们的确有点像犀牛，但原始的脚趾结构接近于貘，“大腿”长、“小腿”短的四肢又似乎有点类似于大象，而6只怪异的角可能有皮肤覆盖，就像鹿那样。真是个地地道道的“四不像”啊。但它们的脑还比较小，说明它们的智商应该很低，原始的牙齿也显示出它们的脆弱。另外，雄兽的大獠牙长达30厘米，使它显得更加面目狰狞。不过，这种獠牙可不是致命的捕猎武器，也不是用来剥开树皮或挖土的取食工具，很可能只是用于雄性同类间的争斗或炫耀。

在埃及的始新世晚期地层中，还发现了始祖象的化石，它们是今天长鼻类动物的祖先。它们的身体又粗又笨，大小像今天的猪，脚趾的末端有扁平的蹄。但是它们既没有长鼻子，也没有长长的象牙，只是上唇稍微大了一些，上下颌的第二对门齿也稍大些，这些就是后来的长鼻类动物在发展出长长的象鼻子和长长的大象牙之前的雏形了。

渐新世的大型野兽

从大约4000万年前的始新世中后期开始，气候逐渐干冷，地球上的高纬度地区首次出现了霜冻天气，南极也开始结冰。

到了距今3800万年的渐新世初期，地球上经历了急剧的严寒，在此后近100万年的时间里，地球的年平均气温下降了13℃以上。随着针叶林、落叶林和硬叶植物的出现，有蹄类和啮齿类动物获得了更大的发展空间，很多哺乳动物的个体不断增大，而且出现了继恐龙之后地球上已知最大的陆生动物——巨犀。

巨犀属于奇蹄类动物，在亚洲发现的巨犀肩高5.4米，颈长1.8米，可以吃到8米高的树叶，其体重可达30吨，是现代最大的非洲象的4~5倍。

除了巨犀之外，还有大大小小众多的哺乳动物在渐新世繁荣起来，如奇蹄类的跑犀、两栖犀、真犀、爪兽；偶蹄类的巨猪、石炭兽和鹿型动物。当然还有一些体型较小的啮齿类动物，例如松鼠、河狸、仓鼠和兔子，等等。

在渐新世早期，始祖象的后代们开始演化出古乳齿象。它们的身体比始祖象大了一倍，已经有了一条比较长的鼻子，不仅上下颌的前部比始祖象更加突出，而且上下颌各伸出了2个大象牙。

中新世的兽类介绍

早期古老类型的哺乳动物，到了渐新世的末期基本上消失殆尽了。而一些与现代哺乳动物直接相关的种类，如象、熊、鹿等的祖先陆续出现。等到

距今2500万年左右的中新世开始，地球气候逐渐转暖，而且变得湿润，大地呈现出一番新的景象。

草原古马由4000万年前出现在渐新世的“渐新马”进化而来。历经2200多万年的演变，它们的身体已经增大到和现代的小马一样，而它们的祖辈——渐新马，还只有今天的小羊般大小。虽然草原古马的前后脚仍然是3个脚趾的，但它们只依靠中趾来行走，而两边的侧趾已经退化到不起作用了。它们的脸变得更长，牙齿也更加耐磨，可以取食广泛分布的草本植物。

中新世时，从鹿类动物中分化出了长颈鹿，尽管它们的脖子很长，但和所有的哺乳动物一样，都是由7个颈椎组成的。不过，当时的古长颈鹿脖子和四肢并没有现在的长颈鹿那么长。

最早的牛类也在这个时候分化出来，由于它们比较适应干燥气候，习惯了地球上日益发展的草本植物和大面积的草原环境，所以一直成功地延续至今。牛类也叫洞角类，和鹿类不同的是，牛类在骨质的角外面，还包裹了一个角质的外套。

在中新世的晚期，古乳齿象的后代开始分道扬镳，逐渐演变出长颌乳齿象和短颌乳齿象等类型。

长颌乳齿象的下颌大大伸长，其中有一个非常奇特的种类，下颌上的象牙变得很宽，活像一把巨大的铲子，可以用来在浅水的湖底或沼泽中挖掘植物为食，人们形象地把它们叫做“铲齿象”。

短颌乳齿象的下颌就没有大象牙了，而上颌的象牙在一些晚期种类中发展得很大。

中新世还生存着另一类由始祖象演变而来的动物，叫做恐象。恐象类的象牙很特别，它们不是从上颌长出来的，而是在下颌上生出了一对向下弯曲的长牙，看上去十分诡异。这类动物并不是象类动物进化的主流，可以看成是某个进化的旁支。它们的后代延续到距今1万~200万年的更新世时期就灭绝了。

上新世和更新世的兽类发展

距今200万~500万年的上新世，气候开始变冷变干，地球上很多地区的四季比以前的中新世更加分明，有点像今天的气候。上新世的哺乳动物已经比较现代化了，最早的类人动物就是在上新世末出现的。

中新世的草原古马到了上新世的早期，已经发展成为“上新马”，它们的体型已经增长到像今天中等大小的马了。这是一种比较进步的马，前后脚的脚趾已经变成了真正的单趾，它们只用粗壮的中趾行走，有了发达的蹄，而侧趾已经退化到只剩下痕迹，隐藏在皮肤里，几乎快要看不见了。

不仅如此，上新马在大约400万年前又很快发展成“真马”，体型比以前又有所增加，已经和今天的马一般大小了。它们的四肢高度特化，唯一存在的中趾更加发达。无论是骨骼的构造还是牙齿的结构，都与现代的马相差无几了。

在上新世的晚期，地球上出现了真象类动物，它们是从古乳齿象发展而来的另一个分支。今天依然生活着的非洲象和亚洲象就是它们的后代，而且它们也是今天地球上仅存的两种象了。

最早的真象类当数“剑齿象”，它们在上新世的晚期和更新世时生活在非洲东北部以及亚洲的东部和南部。1973年，在我国甘肃省发现了世界上个体最大、保存最完整的剑齿象化石。它生活在260万年前的上新世，肩部高度就有4米，身长8米，一对长达3.4米且略微弯曲的大象牙宛如两把利剑，威猛无比。这头巨象最终被命名为“黄河剑齿象”，俗称“黄河古象”或“黄河象”。

真象类的另一个种类是充满神奇色彩的“猛犸象”。它们生活在更新世的后期，由于它们的化石总是出现在寒冷的北方，所以不难推断，这是一群喜寒动物。为了适应寒冷的环境，它们发展出了一套出色的御寒本领。它们身上长着浓密的长毛，就像是披了一件厚厚的毛皮大衣，所以也被称为“毛象”。背部还长着类似驼峰的东西，里面储存着大量脂肪，可以当做能量储

备，一旦寒冬来临，食物被暴风雪掩埋之时，猛犸象依然可以昂首阔步，无所畏惧。而且，它们身体其他部位的皮下脂肪也相当的丰富，厚度可以达到9厘米，在寒风中既可御寒，又可供能，真是一举两得。

猛犸象的象牙也堪称一绝。它们刚刚长出时是紧挨在一起的，接着慢慢变长，发展成新月形，然后又开始向外扭曲，到了最后，两颗象牙的尖端又向内上方旋转。这种象牙的造型在所有的象类中恐怕是绝无仅有的。

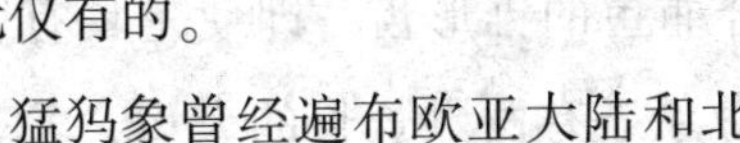

猛犸象曾经遍布欧亚大陆和北美大陆的寒带及寒温带地区。可是距今3万年前，人类的祖先也来到了这些地区，这些体型笨拙、对人类毫无防备的植食性动物就成了人类的重要猎物之一。在人类的标枪、弓箭和陷阱面前，猛犸象常常被逼得走投无路。人类的智慧敲响了猛犸象的丧钟。在人类掌握了猛犸象南冬北夏的季节性迁徙规律之后，猛犸象就更难逃脱被捕杀的厄运了。再加上当时地球上气候转暖，使得猛犸象的栖息地面积骤然减少。到了距今1万年前的时候，这些神秘的猛犸象就从地球上永远地消失了。我们今天也只能从它们留下的骸骨中追寻它们往日的尊容了。

开拓新的领域

当哺乳动物取代爬行动物成为陆地上的统治者时，它们同样也把目光投向了曾经被爬行动物占据的广阔海洋和蔚蓝天空。

在海洋中哺乳

新生代的哺乳动物在陆地上争先亮相之后，又有一些哺乳动物想起了地球生命的最初摇篮——海洋。它们满怀希望重新回到了那里，这其中就包括我们所熟知的海狮、海象、海豹、海牛以及各种鲸类。

海狮、海象和海豹长得有些相像，同属于鳍脚类。它们出现的历史并不是很长，目前已经发现的这些动物最早的化石是在中新世，换句话说，它们的祖先是陆生的。在从陆生到水生的演化过程中，它们的身体变成了适合游泳的流线型，而四肢则变成了趾间有蹼的桨状。其中，前肢可以在游泳时划水、保持身体平衡和掌握方向，而后肢的作用则相当于鱼类的尾鳍，是前进的“助推器”。它们也能再回到陆地上，在四肢的帮助下缓慢运动，当然没有在水里那么灵活了，那样子实在是可爱。

海狮、海象和海豹的牙齿也变成了适合捕鱼的锥形齿，即使是具有坚硬外壳的贝类，在它们看来也是小菜一碟。海象还有两颗长长的犬齿，尤其是雄性海象的犬齿更大，这是它们在争夺伴侣时的强悍武器。

海牛则属于另一种海洋哺乳动物，它们是生活在海洋或河流入海口的有蹄类。不过它们已经名不副实了，蹄早就因为适应水中的生活而退化，前肢变成了桨状，后肢则完全退化。整个身体变得像个鱼雷，就连尾巴也成了宽阔的尾鳍，实在是面目全非。

海牛以水生植物为食，最早的海牛类化石与始祖象一起被埋在始新世的地层里，而且两者的牙齿也有一定的相似之处。早期海牛类的后代，有些在大西洋两侧的非洲和美洲沿岸演变成今天的海牛，而另一些则在太平洋和印度洋的海边发展成现代的儒艮，也就是传说中的“美人鱼”。因为雌性儒艮常常用它的胸鳍把幼崽抱出海面哺乳，所以在傍晚或朦胧的月色中，人们就误以为是看见了半身人形、半身鱼尾的神奇“美人鱼”。其实，儒艮并不像人们想象中那么美丽，成年个体头小身大，体长3米左右，体重可达500千克，吻部前伸，嘴向下张开，雄性门牙突出口外，状如獠牙，眼睛、耳朵都很小，皮肤褶皱也很多。但它们性情谦和、安详，往往三五只或十余只成群出没于浅海地带，同伴之间常常以鼻相碰以示友好，很少争斗。或许它们真的可以说：“我很丑，但我很温柔。”

地球上最成功的海洋哺乳动物可能要数鲸类了。它们的身体和四肢几乎已经演变得像鱼一样，“鲸鱼”就是人们对它的习惯性称呼。当然，它们不是鱼类，而是温血的胎生哺乳动物。与其他动物相比，它们还拥有很高的智力呢。

鲸类包括齿鲸和须鲸两大类，大多数的鲸类和江豚、海豚都属于齿鲸，它们的嘴巴里长着锋利的牙齿，捕鱼的本领非常高超。而须鲸没有牙齿，它们用口中纤维状的鲸须从水里过滤浮游生物为食。可能是因为海洋中拥有丰富的浮游生物，所以须鲸类向着巨型化发展，例如现代的蓝鲸，身体可以长到接近 40 米长，体重超过 150 吨，称得上是今天地球上的超重量级居民了。

今天的各种鲸类有着光滑的皮肤和流线型的体型，巨大的尾部推动着它们在碧海中游动。但是，在它们投入大海的怀抱之前，它们的祖先也曾经是四肢发达的陆生动物。

以前人们在研究鲸类化石的过程中，曾经发现过一些陆生哺乳动物和现代鲸类之间的过渡类型。而本世纪初，在巴基斯坦发现了 2 具完全是陆生的古鲸化石。它们有肉食的牙齿，长得有点像狗，但尾巴比狗更长，嘴更凶猛，眼睛比较小，身体分别像狼和狐狸那么大。它们的耳朵部位有几块奇特的骨头，形状与鲸类动物所独有的相同部位的骨头非常相像。但颈椎、腰椎和后肢的骨骼结构却表明，它们善于在陆地上奔跑，而且踝关节的构造与陆地上的偶蹄类动物相似。从骨骼的复原情况来看，它们很像一条嘴很长的狗或狼，与庞大而优雅的鲸相比，好像没有半点相似之处，然而它们确实是鲸的祖先。

过去人们认为，鲸类是从一种已经灭绝的叫做中兽类的古老哺乳动物演化而来的，但巴基斯坦古鲸的发现，又把鲸和古老的偶蹄类动物联系在了一起，看来它们的起源问题还值得人们继续探索。不管它们的祖先究竟是谁，有一点是可以肯定的，那就是它们曾经在陆地上飞奔着追踪猎物。直到距今 5700 万年前的始新世初期，这些食肉动物在生活环境的压力下，开始转入海洋。它们的躯体发生了深刻的变化。渐渐地，它们的四肢退化了，尾部越来越强壮，并且变成了类似桨的形状，用来推动身体前进。从此，“海中巨兽”

的桂冠就戴到了这些哺乳动物的头上。

到天空中狩猎

如果说海洋是一些哺乳动物的乐园，那么天空也同样是另一些哺乳动物的天堂，蝙蝠就是天堂中的精灵。

为了能够在天空中飞翔，蝙蝠也必须掌握特别的本领，它们身体特化的方式与中生代的翼龙有着惊人的相似。

蝙蝠的前肢骨骼伸长，除了大拇指以外的其他指骨也伸长，这样就能够支撑起足够大的皮膜，形成翅膀用来飞行。但是，蝙蝠类的后肢却变得很纤弱，以至于它们到了地面上几乎是“寸步难行”。我们有时候就能看见它们在地上缓慢爬行的情景。不过，蝙蝠类的后肢并非无所用处，它们能够借助后肢上的爪倒挂在树上或者粗糙的岩洞顶部。“倒挂金钟”的睡觉功夫它们倒是施展得一流。

与今天的鸟类相比，蝙蝠的飞行能力或许算不了什么，但它们却能在夜间绝大多数鸟类睡觉的时候，凭借独特的声呐自由飞行，哪怕伸手不见五指，它们照样畅行无阻，准确地捕食各种昆虫。

当然，并不是所有的蝙蝠都是靠昆虫为食，食果蝠就是个素食者。它们以水果为食，而且还可以帮助果树传播花粉呢。东南亚种植的榴莲，主要就是靠食果蝠来传粉的。而热带美洲的吸血蝠则从其他哺乳动物和鸟类身上吸食血液，以此为生。所以在人们的印象中，吸血蝠的形象总是那么贪婪和恐怖。

现存的蝙蝠已经成为仅次于啮齿类的第二大哺乳动物类群，目前已知最早的蝙蝠化石发现于北美洲始新世早期的地层中，叫“伊卡洛蝠”，它用自己历经千百万年的身体，向人们展示了古老蝙蝠的悠久历史。

哺乳动物基因解锁

哺乳动物的基本特征在于它们妊娠期间通过胎盘以及分娩后通过乳汁哺育幼崽的方式。最近两项对泌乳和胎盘基因的研究指明了这一特征是何时，并怎样在人类、爬行动物以及鸟类的共同祖先身上出现的。

因为爬行动物和鸟类都是卵生的，而我们哺乳动物则是胎生的（除了鸭嘴兽和针鼹这两个例外），也就是说小生命由母体分娩出来，然后用乳汁把它们喂养长大。如此鲜明的特征，正是“哺乳动物”这一称谓的来源。胎生与哺乳相结合，使我们哺乳动物成为进化的大赢家，身影遍布整个星球。但这一组合也让科学家们伤透了脑筋。自 19 世纪达尔文提出进化论以来，他们就一直在琢磨这场生殖革命的演化机制。要是能有一部时间机器就好了……

基因或许就是一部这样的时间机器。最近便有两个研究小组从中找到了一些全新的信息。瑞士洛桑大学遗传及进化专家恩里克·卡斯曼（Henrik Kaessmann）和美国斯坦福大学分子生物学家茱莉·贝克（Julie Baker）通过对现有物种基因的分析比较，阐明了哺乳动物进化中的两个关键阶段，那就是哺乳取代产卵，以及胎盘的出现。

3.2 亿年前，两栖动物从水中走上了陆地，但仍需回到水中去产卵。它们是怎样孕育出纯粹的陆生动物的呢？

这是一个有关蛋壳的故事。蜥形纲（sauropsida）动物——现代爬行动物、恐龙和鸟类的祖先——选择了坚硬防水的蛋壳。而下孔亚纲（synapsida）动物——即后来衍变成现代哺乳动物的似哺乳爬行类的祖先，则以不同的方式进化。这是美国生物学家奥拉夫·奥夫特达尔（Olaf Ofteda）于2002年得出的结论。他对表皮腺体的进化进行了专门的研究，并对爬行动物、鸟类以及单孔目动物（卵生的哺乳动物，如今仅剩鸭嘴兽和针鼹两种，它们是已灭绝的下孔亚纲爬行动物和“真”哺乳动物间的中间形态）这三者的卵作了深入比较。奥夫特达尔认为，为了摆脱水生环境的羁绊，下孔亚纲动物可能从皮肤分泌出一种液体，以保护它们软壳的卵不致因干燥而夭折。这种液体可能就是乳汁的前身。

找到了源头，这段历史还不算完整，还必须弄清起保湿作用的分泌液是如何逐渐变成富含营养的乳汁的。恩里克·卡斯曼完成了这项工作。在对比了三大类哺乳动物中最具代表性的几种动物（单孔目的鸭嘴兽、有袋目的负鼠、胎盘类的人和狗）以及一种蜥形动物（鸡）的基因组之后，这位遗传学家为哺乳动物进化史上这一关键阶段勾勒出一幅乱真的画卷。他解释说，线索来自一种基础物质——酪蛋白（CSN），这是乳汁中一种富含钙的蛋白质，“它可能起源于一种分泌型钙结合磷蛋白（SCPP）类的始祖基因。”SCPP是个蛋白质大家族，连形成牙釉质的基因也是其成员。

关键的酪蛋白

卡斯曼认为：“该始祖基因在复制过程中，某个副本可能发生了进化，从而获得了新的功能。”如为保湿分泌液注入养分，使之成为小生命孵化后实实在在的食物。下孔亚纲动物的后代很可能像鸭嘴兽的幼崽那样，通过舔舐母亲的被毛，享用那些从表皮渗出的营养液体（雌鸭嘴兽身上有乳腺，但没有乳房）。卡斯曼在鸭嘴兽身上发现了近似人类酪蛋白的基因痕迹，通过对其进行序列分析，他推断“该蛋白可能于2.5亿年前便出现在哺乳动物的共同祖先身上”，而并非如先前研究所推测的那样，略在单孔目动物与其他哺乳动物分道扬镳之先，即约1.7亿年前。

单孔目动物同时具有卵生和分泌乳汁的特征，这使它们成为进化过程中中间状态的鲜明写照。由酪蛋白掀起的变革将在其他哺乳动物身上逐步完成。

“酪蛋白赋予乳汁以养分，使它渐渐替代卵黄所含的关键蛋白质卵黄蛋白原（VTG），成为新的营养源泉。”卡斯曼补充道。VTG 在幼崽生长发育中所起的作用越来越小，逐渐消失。“我们在有袋目和胎盘类动物身上都能找到 VTG 基因的片段，甚至人类也不例外，不过它们的功能都已不再……根据这些片段，我们推算出它们失效的大致时期。”

我们知道，基因失活状态持续的时间越长，它所累积的突变就越多。经过对几类哺乳动物基因组内累积的突变进行辑录和对比，卡斯曼的研究组弄清了事件发生的顺序。在与 VTG 合成有关的 3 种基因中，VTG3 在约 1.7 亿年前最先失活，这大致是现代单孔目动物的祖先与其他哺乳动物祖先出现分化的时期。至于 VTG3 失活究竟是先于还是晚于这一分化，现在尚无法确定。然后是 1.4 亿年前，VTG1 失活。最后轮到 VTG2，它于 5000 万年前在胎盘类动物身上失活，并于此后不久，在有袋目动物身上失活。卵生的鸭嘴兽作为原始下孔亚纲动物的最后孑遗，总算保留了一个仍然发挥作用的 VTG 杂合基因，但在漫漫的进化历程中，它同样失去了上述这几种基因，由此可见酪蛋白的效力真是非常强大（鸭嘴兽的毛孔里就在分泌酪蛋白）。

现在一切都顺理成章了。有了营养丰富的乳汁，原始哺乳动物的幼崽（单孔目除外）再也不需要盛满蛋白质的大蛋，它们这一支也就慢慢失去了 VTG 基因。蛋越变越小，最后仅剩其核心内容——胚胎，从而使另一个养分来源——胎盘变得不可或缺。母体可以通过这个界面向胚胎供给营养并进行生命物质的交换，如氧气、二氧化碳、荷尔蒙等。要知道由卵子和精子结合形成的受精卵几乎不带任何养分。胎盘的出现标志着兽亚纲（theria）哺乳动物的兴起，它们在 1.48 亿年前又分成有袋目和胎盘类两大支。有袋目动物的胎盘停滞在原始状态（小生命出生时几乎还是胎儿，要到母兽身上生有乳房的育儿袋里发育长大），而胎盘类动物（又称真兽亚纲动物，即现今所有其他哺乳动物）的胎盘就比较发达了。

胎盘形成的两个步骤

人们对胎盘出现这个至关重要的阶段了解甚少。我们一直怀疑胎盘是从远古卵壳内壁上那层供氧薄膜进化而来，仅此而已，并没有十分确凿的证据。茱莉·贝克及其研究团队进行的遗传学研究终于为我们带来了答案。她介绍道："我们的假设是，通过分析胎盘形成过程中获得表达的基因，便可破解胎盘进化机制的奥秘。"于是，贝克团队对爬行动物、鸟类、小鼠和人类妊娠特异基因进行了比较。

出乎意料的是，一个基因便可诉说泌乳的来龙去脉，而胎盘的形成却要调动上百个基因。不过最大的发现在于，活跃于妊娠前半程的基因，与活跃于妊娠后半程的基因是截然两类，而这仅从胎盘的外观上一点也看不出来！在妊娠的前半程，活跃的都是些与新陈代谢、生长有关的基因，它们被"借调"来参与妊娠活动。这些基因在进化过程中被保护得相当好，因为在爬行类和鸟类身上也存在着类似基因。在妊娠后半程，相反，活跃的则是一些非常多样的新兴基因，这些基因不但是哺乳动物所特有的，而且还是其各大类——如啮齿目、灵长目所特有的。这就解释了哺乳动物的妊娠活动为何各有千秋。如大象的孕期为22个月，每次只产一胎，而小鼠的孕期为21天，一窝可产10胎……

所有这些结论还有待进一步证实，但它们意味着胎盘的出现一定非常迅速，很可能与新近提出的距今1亿年到9000万年前胎盘类动物种类大爆炸有关。不管怎样，这一研究给正在全面改写中的物种编年史提供了新的素材。就让这些新派考古学家乘着基因时间机器到历史中去寻找答案吧！

第六章 人类进化的解读

或许很多人都有『寻根』的渴望，就像一个从小和父母失散的孩子，总想知道自己的双亲是谁，长什么样子。

人是怎样从洪荒中走出的

人的祖先究竟在哪里生活？他们相貌如何？曾经有多少人为了回答这些问题而废寝忘食。不过，他们的孜孜以求是有道理的，因为这是在为整个人类寻找“双亲”。

尽管古代的人们编织出“上帝”“女娲”这样具有神力的父母，使当时的人暂时得以安心，可是哪个孩子不想看看自己的亲生父母呢？怎奈仁慈的上帝和美丽的女娲没有给人类这样的机会。于是，有人开始怀疑，发誓要找到自己真正的祖先，毕竟认错祖先是多么“大逆不道”的事情啊！

怀疑上帝

真正用科学的方法搜集证据，提出人类起源于古猿的，应该从英国学者达尔文算起。有趣的是，达尔文在19岁时被父亲送到剑桥大学，学的是神学。他父亲打算让他以后当个牧师，可是他却一心只想着研究动物和植物。所以当他22岁大学毕业的时候，没有去当牧师，而是登上了“贝格尔号”巡洋舰，参加环绕地球的科学航海调查。

在历时5年的调查过程中，达尔文的思想发生了巨大的变化。面对他在生物界所看到的无数奇妙现象，他不再相信世界上的动植物是一成不变、自古就有的，更不愿再相信上帝创造万物的神话。1859年达尔文50岁的时候，他在大量研究的基础上，发表了他的惊世巨著——《物种起源》，创立了进化论。

不过，在达尔文生活的年代，宗教势力在欧洲依然很大，他不敢触犯宗教的权威，所以在《物种起源》中只谈动物和植物，没有讨论人类起源的问题。但是出于对真理的渴望，他在书的末尾暗示性地写了一句，说他的进化理论“将有助于人类及其历史的阐明”。这实际上是在启发人们去思考这样一个问题：人的起源也和其他生物一样，遵循着一个共同的规律。

古猿说

达尔文的小心并没有让他逃脱被攻击的命运，《物种起源》出版后，立刻引起了来自宗教界和学术界落后势力的强烈不满。当时的牛津大主教——威尔伯福斯就扬言，要在牛津举行的英国科学促进会的大会上“粉碎达尔文”。

不过，达尔文并不是孤单的，很多人已经成为进化论的忠实捍卫者，他的好友赫胥黎就是其中之一。尽管那次会议达尔文没有参加，但赫胥黎已经下定决心要与大主教针锋相对。

这位大主教根本不懂生物学，但他倚仗宗教的权威，依然在大会上先发制人，振振有词。他说：“按照达尔文的观点，一切生物都起源于某种原始的菌类，那么我们人类就跟蘑菇有血缘关系了。”在长达半小时的蛮横攻击之后，他又把矛头指向赫胥黎说：“我要请问坐在我旁边的赫胥黎教授，按照他的关于人是从猴子传下来的信念，请问：跟猴子发生关系的究竟是你的祖父一方，还是你的祖母一方？”听众里面发出了哄笑声。

好在我们都知道，如果中伤和嘲笑就能压制科学的话，那么我们今天也就没有科学了。赫胥黎用大量的科学事实反驳了主教的发言，然后以庄严的神情对主教作了有力的回答：“我重复说一遍：一个人没有理由因为有猴子做他的祖先而感到羞耻。如果有一个祖先在我的回忆中会让我感到羞耻，那就是这样一种人：他不满足于自己的活动范围，却要用尽心机来过问他自己并不真正了解的问题，想要用花言巧语和宗教情绪来把真理掩盖起来。”赫胥黎强调，宁愿一只猿猴而不是一个主教来做他的祖先。

赫胥黎的这番发言着实犀利，以至于当场就有宗教势力的追随者气得晕倒。但也就是这种“认猿为祖”的勇气和实事求是的态度，赢得了很多进步学者、大学生和其他听众的热烈鼓掌。

此后，赫胥黎把人和灵长类动物的身体构造以及卵的发育进行了详细的比较，发现人和猿之间的差异比猿和猴之间的差异还要小。他把这些都写进了《人类在自然界的位置》一书中，并且第一个提出了“人猿同祖论”，认为人是猿的近亲，人是由古代的类人猿逐渐变化而来的，也可能人是和猿一起从同一个祖先那里分支而来的。

最有力的证据

关于人类的起源，神创论和进化论争执的焦点之一，就是古今人类有无差别。在形形色色关于“神造人”的传说中，最初的人和现在的人没什么两样。而进化论则认为，越古老的人就越像猿，而不像现在的人。面对这样的分歧，找到证据是解决问题的唯一办法。

不过，科学家不像神学家那样只会拼命地翻阅那些发了黄的圣经，他们要从事实中去寻找证据。化石是他们想到的一个重要证据，虽然死人不会说话，但是他们保存下来的骨骸却能让后人读出他们的秘密，看看不同时期的人类化石，就能知道他们究竟像不像今天的人类。

最初出土的人类化石，是1823年在英国海边一个叫做“帕维兰”的山洞里发现的一副骨架，它的附近还有一些骨器、装饰品和动物化石。由于当时宗教思想对人们影响很大，所以这个发现并没有引起重视，人们还以为那是罗马时期的人类遗骨。直到1912年，人们才认识到那是人类进化最后阶段的化石。

尼安德特人

真正对人类起源问题产生较大影响的最早人类化石，是1856年在德国尼安德山谷中的一个山洞里出土的一些人骨。当时有人认为这是古人类化石，但也有人反对。

在反对者的行列中，最著名的是病理学家维尔和。他认为，从小小的头骨来看，这可能是一个智力低下的白痴留下的，并不是什么古人类。也有人觉得，这或许是一个佝偻病患者的头骨。

几年后，一位爱尔兰人体解剖学家对这副人骨进行了仔细的研究，确信他属于一种与现代人不同的早期人类，并取名为“尼安德特人”。

由于当时的研究水平有限，再加上在发现尼安德特人的山洞里没能找到其他的动物化石和他使用过的工具，所以无法准确判定这些化石的年龄。直到1886年，在比利时一个叫做“斯彼”的地方又发现了两个人类头骨，形态与尼安德特人非常相似，被认为是同一时期的人类。而且在这两个头骨的周围还出土了大量的动物化石，由于很多动物很早就已经灭绝了，如披毛犀和古象等。这样，人们就可以根据灭绝动物的生活年代来推测这些人骨的历史

了。尼安德特人在人类进化中的地位得到了进一步的证实。

人们在前人的肩膀上总能站得更高。1908 年在法国圣沙拜尔村附近的一个山洞里，又发现了与尼安德特人头骨相似的化石，不同的是，这次人们发现的是一副基本保存完整的男性人骨，他被认为是尼安德特人的典型代表，由此可以得到关于尼安德特人更多的信息。

根据后人的研究，尼安德特人的生存年代为距今 20 万年到 3 万 7 千年。通过与现代人的比较，发现他们的鼻骨异常向前突出，说明他们的鼻子一定很高，而且鼻孔比较向前。

爪哇猿人

1891 年前后，一个姓“杜布哇”的荷兰殖民军军医在今天印度尼西亚的爪哇岛上，发现了一些新的人类化石，从而在研究人类起源问题的领域中引起了一场激烈的争论。

年轻的杜布哇原本是一位解剖学者，同时也是“人猿同祖论”的追随者。他认为猿只能在热带生活，而东南亚的猩猩与人类关系非常密切，因此，他相信在东南亚很可能找到人类的发源地。带着这个信念，他参加了荷兰的殖民军，成为一名军医，因为东南亚的大部分地区当时正好是荷兰的殖民地，便于他进行研究。

经过长期的搜索，1890 年他在爪哇岛获得了一块人类下颌骨化石残片；次年，在距离下颌骨发现地 30 多千米外的垂尼尔村附近，找到了一块人类的头盖骨和一颗牙齿；1892 年，他又在距离这块头盖骨 15 米的地方找到了一根人的大腿骨。

杜布哇把找到的大腿骨和现代人的大腿骨进行了仔细的比较，发现这根大腿骨已经能够支撑身体的重量，因为它上面已经形成了可以附着强大肌肉的股’骨粗线，使整个大腿骨的骨干成为三棱柱状。这说明他发现的这个远古人类已经能够直立行走了。

根据这些化石的特点，杜布哇认为自己找到了从古猿到人之间的一个缺

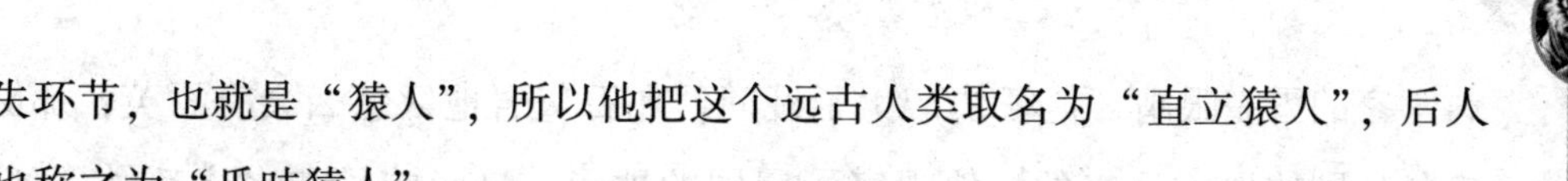

失环节，也就是“猿人”，所以他把这个远古人类取名为“直立猿人”，后人也称之为“爪哇猿人”。

在发现爪哇猿人的地方，还出土了一些动物化石。从这些动物化石的特点上，可以推断出爪哇猿人生活在大约50万年前。

但是从后来的研究中发现了一些疑点。根据头盖骨来估算，爪哇猿人的脑量只有900多毫升，远远小于现代人的脑量，而且在发现头盖骨的地方也没有找到人造的工具。当时的学术界普遍认为，只有会制造工具才能算人，否则就只能称之为动物。就像尼安德特人，他们的化石周围就发现过石头做的工具，所以他们就肯定是人了。可是没有工具的爪哇猿人到底算不算人呢？

这个问题引起了广泛的争论，有人认为他们只是长臂猿，有人认为他们是猿和人的中间环节。杜布哇在研究了其他的灵长类动物之后，最终宣布他所发现的这些化石，属于一种大型的长臂猿。

但是随着后来生活在同一时期的北京猿人和人造工具的发现，爪哇猿人终于得到了作为“人”的地位。

北京猿人

20世纪20年代初，在研究人类起源问题上，很多科学家认为是由于喜马拉雅山的形成，挡住了由南向北吹来的印度洋暖湿海风，使喜马拉雅山北面的气候变得干燥，森林变得稀疏，原本在那里生活的古猿不得不从树上跑到地面上来生活，并用双手谋生、用两条腿走路，从而发展成了人。于是，很多研究人类起源问题的学者都纷纷来到亚洲中部地区，寻找他们的答案。

当时有一位瑞典的地质、考古学家——安特生，正在中国开展工作。1918年，他偶然从别人那里了解到，距离北京50千米左右的周口店村附近有很多动物化石，他便赶往那里进行考察。

周口店村附近的龙骨山，有一个废弃的采石场，安特生在那里的确发现了一些早已灭绝的动物化石，如肿骨鹿等。除此之外他还注意到，在龙骨山的石灰岩溶洞里，有一些白色的破碎石英片。这个小小的细节没能逃过一个

科学家的雪亮眼睛，他很快产生了疑问：在石灰岩地区怎么会有石英？那必定是从别的地方运来的。他观察了周围的地形，自然的风和水流都做不到，即使是鸟兽也不可能。一个大胆的想法在安特生头脑中产生了："我有一种预感，原始人就在这里。现在我们必须去做的，就是要去找到他。"因为如果把这些锋利的石英碎片和已经发现的动物化石联系起来的话，它们就很可能成为切割动物皮肉的利器。

在随后的考察中，安特生发现这个地方的地层是大约 50 万年前形成的。他在 1923 年和 1926 年又分别发现了两颗像人的牙齿，第一颗的主人太老了，牙面已经被磨平，无法辨认出究竟是人还是猿的牙齿。但是第二颗牙齿的主人尚显年轻，通过鉴定，它属于人类无疑。

于是，他宣布在北京周口店发现了 50 万年前的古人类。这个发现令全世界都为之震惊，因为这无疑是对"喜马拉雅山的形成迫使人类形成"的理论给予了化石证据的支持。周口店也成为研究人类起源问题的科学家们所关注的焦点。在周口店发现的古人类被命名为"北京中国猿人"，后来改为"北京直立人"，而"北京猿人"和"北京人"是其俗称。

可是，北京猿人的发掘工作却异常艰难，因为周口店附近的范围非常大。从 1921 年到 1929 年的 11 月之间，科学家们只找到了 3 颗古人类的牙齿，似乎很让人泄气。但这并没有动摇科学家们继续挖掘的决心。

功夫不负有心人，1929 年 11 月底的一天，负责挖掘工作的科学家发现了一个小洞口，他们用绳子系住腰部，缓缓下降到 10 多米的洞底，看见了很多新的化石。第二天就在这个小洞里发现了一个有一半露在外面的猿人头盖骨，而另一半还埋在硬土里。这就是北京猿人的第一个完整头盖骨，科学就是这样向坚信它的人们招手的！

在此后的几年里，周口店又出土了一些人类的头盖骨和破碎的石片、石块，这些石片和石块与一般的自然破碎的石块有所不同，经过当时研究旧石器的权威专家鉴定，它们是古人类打制出来的石器。而从猿人洞里挖出的黑色物质，也被证明是人类用火后留下的痕迹。

所有这些证据都证明，尽管北京猿人只拥有平均1088毫升的脑量，与现代人的脑量（平均1400毫升）有一定差距，但他们已经脱离猿的队伍，堂堂正正加入了人类大家庭。

而且还有另外一份惊喜，由于爪哇猿人的头骨与北京猿人的头骨存在很多相似之处，因此许多学者也把他们看成是人类的一分子。

东非人

在北京猿人和爪哇猿人被发现后的30年时间里，他们一直被视为人类的最早祖先。直到1959年，古人类学家玛利·利基在非洲东部坦桑尼亚的奥都威峡谷发现了大批石器，把人类历史一下子从50万年前推到175万年前。

而且在发现石器的地方，还找到了一个相当完整的、类似于大猩猩的头骨化石。她当时认为这些石器就是这块头骨的主人生前制造的，于是给他起名为“东非人包氏种”。后来其他的古人类学家对这块头骨做了进一步研究，认为他应该属于“南方古猿”的一种，因此就改名为“南方古猿包氏种”。

1960年，玛利·利基的儿子又在他母亲发现“东非人”头骨的不远处，找到了一个小孩的头骨，随后又在同一地区发现了更多的人类化石。这些化石后来被命名为“能人”，意思是“手巧的人”，其生活年代估计为距今190万年前。有些古人类学家做了进一步的考察，认为原来发现的“东非人”的石器，实际上可能是这些“能人”制造的，而“东非人”或许是“能人”的猎物。

南方古猿

在20世纪60年代以前，人们用来区分人和猿的标志是能否制造工具。但是1960年一位英国高中毕业生的研究改变了这一看法，她的名字叫珍妮·古道尔。通过对坦桑尼亚河边密林中黑猩猩的观察，她发现有时候黑猩猩会摘掉草枝上的分叉，用剩下的主干插到蚂蚁窝里，等蚂蚁们爬上草枝时再抽出来吃掉蚂蚁。这个现象表明，黑猩猩不仅能够利用现成的天然物品，而且还能对其进行改造，这就意味着它们也能够制造工具。可是如果这样就把黑猩猩归入人类当中显然是不合适的。因此，后来人们逐渐废除了用能否制造工具来划分人和古猿，而改用新的标志：能否直立行走。

这样一来，人类的历史就又要再往前推了，原来已经发现的能够直立行走，但还不会制造工具的南方古猿也成为人类大家庭中的新成员。

1924 年，有人在南非的塔翁地区发现了一块小小的头骨，估计脑量只有 500 毫升左右。他被命名为南方古猿非洲种，生存时间为距今 300 万年前至 230 万年前之间。他的牙齿还没长齐，说明他还没有成年。当时按照现代人出牙顺序的规律与之比对，人们认为他是属于一个 6 岁小孩的。但是半个世纪以后，其他研究者认为，南方古猿的出牙顺序遵循猿而不是现代人的规律，根据这一点来判断的话，这个小孩就只有 3 岁了。

后来在南非陆续出土了更多的南方古猿化石，它们有一些共同的特点，例如：枕骨大孔不在颅骨后方，而接近脑颅中央；大腿骨后侧有股骨粗线；骨盆比较宽而且矮，等等。这些特点说明南方古猿已经能够直立行走了。不过在发现南方古猿的附近，始终没有找到证据来证明他们会制造工具。尽管如此，按照 20 世纪 60 年代以后的标准，他们已经算是真正的人类了。

1974 年，美国科学家约翰逊和法国科学家泰伊白率领着一支考察队，在埃塞俄比亚的阿法地区发现了新的南方古猿化石。这具被称为“露西”的骨架保存相对比较完整，它属于一个成年女性，生前身高 92 厘米，能够经常性地直立行走，研究人员把她命名为南方古猿阿法种。第二年，在这个地区又发现了至少 13 个男女老幼的碎骨和牙齿化石。科学家们认为，他们可能属于一个家庭，因为生活的年代相当久远，距今已有 330 万年到 280 万年，而且又是当时已经发现的最早的人类化石，所以就把他们称作“第一家庭”。

1994 年，埃塞俄比亚又发现了大约 440 万年前的人类化石，当时取名为南方古猿始祖种。第二年，研究者认为这些化石与南方古猿的差别比较大，因此就把他们归为另一个古人类的类群，改名为“地猿始祖种”。

2000 年，一位法国学者在肯尼亚发现了一批 600 万年前的人类化石，因为当时适逢千禧之年，所以就把他们叫做“千禧人”。后来又把他们正式命名为“原初人土根种”，因为他们是在当地的土根山上被发现的。这样，人类的

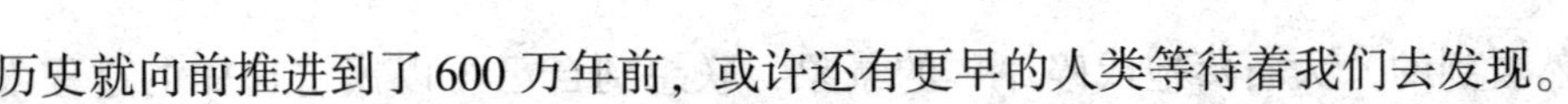

历史就向前推进到了600万年前，或许还有更早的人类等待着我们去发现。

人类雏形

根据比较解剖学、胚胎学以及分子生物学的研究，现代人与黑猩猩、大猩猩、猩猩等猿类动物的亲缘关系，远远胜过包括猴子在内的其他任何动物，所以人起源于古猿的观点就被人们普遍接受了。

这样看来，人的出生地不可能在美洲和澳洲，因为现在美洲只有猴子，没有猿类，也没有发现过古猿的化石，澳洲则连“土生土长”的猴子都没有。而亚洲、非洲和欧洲都已经发现了很多古猿的化石，并且都散布在低纬度地区。

现在一般认为，古猿最初都是在树上生活，后来他们的家园逐渐变得干旱，森林日益稀疏，无法再保证他们的食物来源。古猿不得不用更多的时间，在森林以外的地面上寻找食物。由于裸露的地表没有像树上那么安全，而且古猿既没有尖牙利爪，也没有飞速奔跑的本领，所以他们只能尽可能地发挥上肢的作用，用手握住石块或树枝之类的武器来保护自己。因为这个时候，他们的上肢已经有机会从攀援树枝的负担中解放出来了。而在没有危险的时候，他们的手还可以拿起天然的工具去采集或狩猎。不过，他们的双腿要为此承受更多的重量，才能保证行动的灵活和双手的真正解放。

在长期直立行走的过程中，他们的身体结构发生了变化，脊柱形成了人类所特有的弯曲，头骨移到了脊柱的上方。不知不觉中，古猿已经发展成了人。

随着天然工具的频繁使用，他们的手变得越来越灵活，脑也越来越发达。当人类祖先发现身边的天然工具已经不能满足自己的需要时，他们就可能从偶然看到的“大石落地成碎片”的景象，联想到自己可以模仿这样的过程来取得所需的工具。于是，人类可以自己制造工具了。尽管我们没有多少证据来证明人类最初制造的工具是什么，但他们制造的石器，有一部分被保留了下来。迄今为止我们所知道的最早的石器，发现于埃塞俄比亚的恭纳地区，距今已经有250万年了。

人类刚刚开始在地面上寻找乐土的时候，单凭个人的力量恐怕更难抵御难以预料的危险，所以人与人之间的协作就显得尤为重要。也正是在这种相互帮助、共同生存的过程中，人类社会发展起来了，相互之间的交流更加频繁，需要有像语言这样的工具来方便交流，而在制造工具等活动中发达起来的人脑，正好能够促成语言的形成。人类就在劳动、语言和脑相互促进的过程中开始了新的进化。

祖先的脚印

从1823年第一次发现人类祖先的化石开始，到今天已经有180多年的历史了。随着研究的深入，发现的人类化石也越来越多。不过这些化石有一个特点，越是早期，可供我们研究的证据就越少。科学家们希望能够通过这些化石，发现人类在进化过程不同阶段上的特征，从而了解人类进化的趋势。他们对人类进化的不同时期进行了划分，形成了很多理论，这里介绍其中较新的一种，它把人类进化的历程大致划分为4个阶段，即早期猿人、晚期猿人、早期智人、晚期智人。

早期猿人

如前所述，目前已知的最早人类，是在肯尼亚发现的600万年前的原初人土根种。其次是2001年发现于埃塞俄比亚阿瓦什地区、距今580万~520万年前的地猿始祖种。再晚一些的还有在肯尼亚发现的、生活在大约400万年前的南方古猿湖畔种和350万~330万年前的扁脸肯尼亚人。但是，这些早期猿

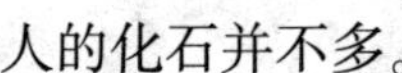

人的化石并不多。

目前已经找到大量化石依据的最早期人类，就是300多万年前的南方古猿阿法种。与他们同一时期的，还有非洲中、北部的南方古猿羚羊河种。此后还有300万~230万年前非洲南部的南方古猿非洲种，以及250万年前生活在埃塞俄比亚南方古猿惊奇种。

而我们现在所知道的最晚的南方古猿，要数230万~140万年前坦桑尼亚中部的南方古猿包氏种（也就是前面提到的东非人），以及190万~150万年前生活在南非地区的南方古猿粗壮种。

种类如此繁多的南方古猿，大致可以分为两大类：纤巧型和粗壮型。像阿法种、非洲种和惊奇种就属于纤巧型，而埃塞俄比亚种、包氏种和粗壮种则属于粗壮型。可见，在非洲大陆上曾经同时生活着好几种南方古猿，但是他们当中的绝大多数后来都被淘汰了，只有一个种类的后代流传下来，进化成为现在的人类。

尽管我们现在还没有充分的证据来确定究竟哪一种南方古猿才是我们的祖先，但是目前一般认为，纤巧型比粗壮型更有可能演化成现代人。或许现在已经发现的种类，都还只是我们祖先的远房亲戚，而真正的祖先遗骸说不定还深埋在地下长眠呢。

纤细型南方古猿出现的时间较早，一般在200万年前；粗壮型南方古猿出现的时间较迟，一般在距今200万年以后。

纤细型南方古猿身高约1.20米或1.30米，体重平均为25千克，脑量不到450毫升，但从脑膜上可以发现，脑的顶叶已经扩大，可能已具有原始语言的能力。

而粗壮型南方古猿的头顶上，还保留着像大猩猩那样的正中央突起，咀嚼肌也非常发达，与其说像人，倒更不如说像猿。

纤细型南方古猿应该是生活在气候相当干燥的空旷地区，因为在出土这类南方古猿的地层中，还发现了猪类、羚羊等，但没有河马。粗壮型南方古猿则生活在比较潮湿的地方，其邻近地区可能大部分被茂密的森林所覆盖，

因此一般认为粗壮型南方古猿是森林的主人。

南方古猿能够用力折断树枝，将其当做武器或工具。但他们还不会制造石器，只能利用自然界中现成的破碎石片和石块。所以他们的生产能力很低，主要靠采摘植物的果实、嫩叶、嫩草、块根等充饥。要是碰上好运气，也许偶尔能发现野兽没有吃完的动物尸体，这就是他们的美餐了。他们可能会用锋利的石片把尸体上剩下的肉从骨头上割下来解解馋，或者把尸体大卸八块，化整为零，带回去和同伴分享难得的美味。要是遇到老、弱、病、残或者较小的动物，他们也可能利用手中的工具，靠着那么一点点的智力，给自己搞点荤腥。

经常性的对天然石器的使用，以及由此而带来的高效率，使埃塞俄比亚的一群原始人开始学习自己制造石器。正如前面所提到的，目前发现的最早的石器，距今已有250万年。一般认为，在此之后不久就出现了“能人”，他们也属于早期猿人，生活在240万~160万年前。他们的脑量已经达到800毫升，在天然工具不足的时候，也会选择材料加工最简单的石器。科学家们甚至认为，这时候的人类可能已经会用树枝、树叶和兽皮之类的东西给自己造个“简易窝棚”来遮风挡雨了，看来他们的生活水平是有所提高了。

晚期猿人

在非洲发现的最早的、保存比较完整的晚期猿人化石，是一个出土于肯尼亚纳里奥科托姆的男孩骨架，大约生活在160万年前。

最初研究人员把他的牙齿萌出情况与现代人进行比较，推测他死亡时大约11岁。但是后来研究人员发现，像他那个年代的人类，牙齿萌出时间应该介于猿和现代人之间，所以这个男孩死亡时的年龄可能是9岁左右。不过他的身高已经有160厘米，如果他长大成人，身高可能达到180厘米以上。与早期猿人的身高比较一下可以发现，人类的身高在160万年前总的发展趋势是由矮到高，此后直至发展到现代人，身高就没有太大的变化了。

非洲晚期猿人制造石器的技术比以前有了更大的进步，从这个时期已经

出土的石器来看，最典型的要数“阿舍利手斧”。这种石器比较薄，一般两边对称，而且边缘被修理得比较整齐。

晚期猿人中，化石资料最丰富的要数我国北京周口店发现的北京猿人，目前已经从这个遗址中挖出了大约40个猿人的各种化石，他们生活在大约50万年~20万年前。

从他们留下的骨架来看，虽然北京猿人距离古猿的历史已经有几百万年之久，但他们的头骨还保留着不少类似猿的特征，例如：眉骨粗大，头顶正中央有一条由前向后延伸的突起，嘴巴向前突出，下巴却向后退缩等。但是北京猿人的四肢骨与现代人的差异很小，主要就是骨壁较厚，骨髓腔比较狭窄。

因此，有人风趣地打了个比方，说北京猿人的体质总的看上去好像是现代人的身体上长着一个有点像猿的头。

北京猿人用锤打、砸击等方法制造出来的石器还比较简陋，不可能有很高的生产力。他们主要靠采集植物的果实、嫩叶为食，可能也挖挖地里的块根。身体强壮的男人可以到较远的地方去碰碰运气，有时候可以捡到一些动物尸体，或者抓点老、弱、病、残的小动物，像鹿、鸟蛋等。看来北京猿人的荤素搭配还是比较丰富的。

北京猿人洞里还有一些令科学家们眼睛发亮的东西，那就是在多处发现的厚厚的灰烬，其中还含有烧过的动物骨骼和烧过的石头。那些烧过的骨骼往往变成了黑色、灰色或者蓝色，而烧过的石头则出现了很多裂缝，有些地方还发现了用树枝烧成的炭块。这些都证明北京猿人已经学会了用火。不过他们还不会生火，只知道把自然界中的火引回来使用。当然，他们也知道不断添加木柴能够长期保留火种。

一旦北京猿人掌握了用火，就能在山洞里围着火堆取暖、烤肉。烧过的肉味道更佳，也更容易消化，吃了以后比较舒服，也少生病，这对改善他们的体质很有帮助。而且火还能驱除山洞里的湿气，使他们免受风湿病的折磨。要是有不知好歹的野兽找上“门”来，他们也可以用火来驱赶。就目前所知，北京猿人是欧亚大陆和北半球最早学会用火的人类。

除了北京猿人之外，中国大地上还生活过其他多种晚期猿人。

其中，元谋猿人是中国最早的直立人，但他们的化石现在发现得相当不完全，到目前为止才找到了 2 颗门牙，这 2 颗门牙的形态与北京猿人基本一样。研究人员根据同时出土的动物化石以及他们所处的地层年代，推测出元谋猿人大约生活在 170 万年前。

在埋葬元谋人化石的地层中，还找到了许多零星分布的小炭屑，最初有人猜想那是元谋人用火的遗迹，其实它们应该是地面上曾经生长过的草，埋在地下被炭化的结果。

我国已经发现的第二早的人类化石是陕西省蓝田县公主岭的一个女性猿人头骨碎片，人们称之为“蓝田猿人”。把这些头骨碎片拼接起来，可以发现她的颅顶低矮，面部向前突出，眉骨比较粗壮，脑量大概有 780 毫升。从附近的哺乳动物化石来推断，她应该生活在距今 115 万年前。

与元谋猿人相似的是，在发现蓝田猿人的地方也找到了一些木炭，有人也试图把它解释成是蓝田猿人用火的遗迹，但由于找不到其他过硬的证据来证明这一点，所以大多数科学家认为那更可能是天然火烧出的炭块被水流冲到这里的结果。

他们打制的石器比较简单，又粗又大，但仔细一看，却发现已经有不同类型石器分工的迹象。

印度尼西亚的爪哇岛，是亚洲另一块出产大量直立人化石的地方。爪哇猿人就是其中最著名的代表。从这里发现的猿人，最早年代的可以达到 180 万年前。

早期智人

最先被发现的早期智人是欧洲的尼安德特人，他们的脑颅形状比较接近猿人，但脑量却相当大，已经达到 1575 毫升，达到了现代人的水平。

他们居住在洞穴中，身体强壮，有宽阔的肩膀和粗壮的四肢。而且鼻子很大，因为当时地球正处于比较寒冷的冰期，这样的鼻子能使冷空气在进入人体肺部之前变得温暖，减少对身体的不良刺激。

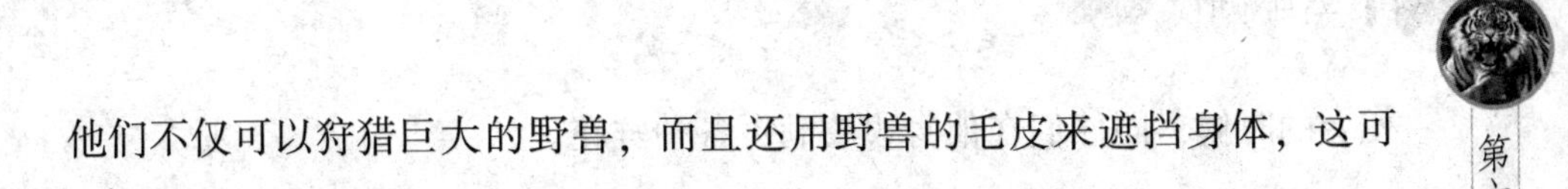

他们不仅可以狩猎巨大的野兽，而且还用野兽的毛皮来遮挡身体，这可能是人类最早的衣服了吧。

虽然有些晚期猿人就已经学会了用火，但他们的火种来自于自然火，比如雷击起火。而早期智人则已经学会了自己生火，这样就好比是掌握了一种“超级武器”，不用惧怕因火种熄灭而忍受严寒和野兽的侵袭了。

尼安德特人还知道用兽骨来修理石器，甚至用猛犸象骨和树枝搭造椭圆形的小屋，屋顶还用兽皮加以遮盖。

人们曾一度认为尼安德特人是现代人最近的直系祖先，因为他们甚至发展出了复杂的文化，比如说照顾受伤的或者生病的同伴，而不是像以前那样抛弃他们；在举行葬礼的时候，会在死者身边摆放食物和鲜花等。这些与现代人的习俗很像。直到今天，这些传统仍然在北极的土著居民中，从爱斯基摩人到拉普人，广为流传。这就有力地表明，尼安德特人很可能在人类历史上首先越过了北极圈。

在法国曾经发现过一个尼安德特人的骨架。他的身体严重佝偻，说明生前曾患关节炎，不可能从事多少生产劳动。但他的牙齿已经快掉光了，死的时候只剩下 2 颗，看来年纪不小了。一个人从开始患病直到骨骼严重佝偻，需要经过相当长的时间，那么在那种野兽与人搏斗的年代，他肯定受到过同伴的照料。在伊拉克也曾看到过这样一副人骨，双臂中只有左臂正常，他能活到 40 岁才死，可能生前也得到过别人的照顾。

尼安德特人开始有了埋葬死者的习俗。在法国发现过一男一女两副骨架，他们被埋在相距 50 厘米的地方，头对着头，男的肩上和头上压着扁平的鹅卵石，女的脸朝上，腿弯曲，双手放在膝盖上。他们的骨骸长眠的地方，是两个在红黄色砾石中挖出来的坑，坑宽 70 厘米，深 30 厘米，坑里填满了黑色的土。

意大利一个山洞里也发现过类似的情况，一个尼安德特人的头骨被埋在一个扩大了的洞里，周围整齐地排列着很多石块。

伊拉克的一个尼安德特人安葬在一个山洞里，化石周围发现了大量的植物孢子和花粉的化石，研究发现这里面有很多色彩艳丽的花卉。可能是埋葬死者的时候，同伴们在他身边放满了各种鲜花。

像这样的例子还可以找到很多，所有这些看上去都不像是天然形成的，更可能是活着的人通过这些方式来表达对死者的悼念。这说明当时尼安德特人之间的关系已经比较密切，甚至有可能已经联想到了同伴死去后可能会去的世界了。

除了欧洲的尼安德特人之外，在包括中国在内的亚洲地区，如中亚、西亚、印度、印度尼西亚，以及非洲地区，都发现了早期智人的踪迹。

生活在中国的早期智人，保存比较完整的头骨出自陕西省大荔县和辽宁省营口县。此外，位于山西东北部与河北交界的许家窑村、广东马坝、山西丁村、湖北长阳等处，也都出土了一些早期智人的化石。其中，许家窑和丁村的遗址中还发现了许多石球，可能是早期智人用来狩猎的工具。

晚期智人

晚期智人的身体结构已经基本上和现在的人类一样，所以也称为现代智人或现代人。他们的足迹已经走出了非洲、亚洲和欧洲的低纬度地区，扩展到美洲、澳洲以及一些分散的岛屿。

这时候人类正处于旧石器时代的晚期。他们制造石器的技术又有了新的发展，能够制造出更加精美的、多种多样的石器，甚至还会用兽骨制造出鱼叉，用来捕鱼，伙食就更丰富了。

欧洲的晚期智人出现在距今大约 3.5 万年前，法国的克罗马农人是其典型代表，长得跟现在的白种人比较相似。他们最初是在 1868 年发现于法国多尔多涅省的克罗马农洞，故此而得名。后来在德国、英国、意大利、前捷克斯洛伐克和北非的一些地方也有发现。最初找到的克罗马农人至少包括 5 个个体，其中一具老年男性头骨保存完好，脑量在 1600 毫升左右；从肢骨来看，身体高大，肌肉发达。身高男的 180 多厘米，女的约 167 厘米。

克罗马农人是很成功的猎人，经常猎取驯鹿、野牛、野马甚至猛兽。他们有时会利用陷阱来捕捉动物，或者把动物赶到悬崖边，使其坠崖而死。

从他们的文化遗物里，人们发现了大量艺术品，包括小件的雕刻品、浮雕以及各种动物的雕像，还有许多精美的动物壁画，如猛犸象、野牛、女人像等。古人类学家们推测，这些艺术品可能跟克罗马农人祈祷狩猎成功和人丁兴旺有关，或许他们已经开始相信魔法或者魔力之类的东西了。

在对旧石器时代艺术的研究中，艺术评论家们普遍认为艺术的起源与早期人类的日常生活和巫术信仰有关。现在发现的大量远古时代岩壁画和雕刻作品中，动物形象占有很大的比例，这大概是那时人类对狩猎生活的描述，或许也表达了人们对富足生活的向往。而人的形象在当时的艺术作品中也很常见，有一些表现人与动物的搏斗，还有很多则被认为是体现了旧石器时代的巫术信仰和渴望种族兴旺的生殖崇拜。

在法国的劳塞尔岩洞中，人们发现了6个人物雕刻形象，其中最著名的是一个女性人体形象的浮雕，高46厘米，产于大约3万年前，被后人称为“持角杯的维纳斯”或“持角杯的女巫”。她右手拿着一只牛角，左手搭在隆起的腹部上，披肩的长发绕过了她的左肩。从形象上看，她显然是在主持一种巫术仪式，也许在祈祷本族人狩猎满载而归，也许是在祝愿氏族的昌盛。这种典型的女性雕刻形象地表现了原始人类对种族繁衍的崇尚，被认为是原始艺术的开端。中国的晚期智人分布也很广泛，如北京周口店的山顶洞、广西柳江、四川资阳、云南呈贡、贵州穿洞等地，都发现了他们的化石。其中，山顶洞人最为有名。

在周口店的山顶洞，发现了3个完整头骨和至少8个人的各种化石，通过对这些化石的研究，发现他们是原始的黄种人。其中有一个女性头骨十分特别，它的脑颅异常的高，而前额又非常之扁，有人甚至据此把它归属为太平洋某些群岛上的原始人类，但如果真是这样，那么她就必须远涉重洋来到北京的山顶洞，这在原始条件下显然不太可能。后来的研究者认为，更有可能的原因是在她出生之后，父母用带子缠在她头上才形成的印痕，就像我们现在的少数民族妇女那样。

山顶洞分为门廊、上室、下室和下窨四个部分，山顶洞人将自己的居所进行了分配。上室是生活区，长16米，宽8米。下室深8米，紧靠在上室的西边，是埋葬死人的地方，被发现的人骨化石大多数都埋在下室。而且在人骨周围还发现了红色的赤铁矿粉末，研究者据此推测，用赤铁矿粉末撒在死者身上，可能是那个时期的原始人常见的丧葬习俗。或许赤铁矿的红色象征着血液的颜色，人死血枯，加上同色的物质，是希望死者在另外的世界中复活。在下窨内曾经发现过很多动物的完整骨骼，可能当时这是一个天然的陷阱，那些动物一不小心掉了进去，就再也出不来了。

在山顶洞人的身旁，还发现了用兽骨、兽牙和小石子做成的装饰品，都用尖尖的石片挖出了小孔，可以用藤条或其他东西穿成一串，戴在头上或者身上。正所谓“爱美之心人皆有之”，看来山顶洞人已经懂得去欣赏美了，而且他们已经有足够的空闲时间和技术条件去做这些与生存没有直接关系的事情了，说明他们的生产力和生活水平有了较大的进步。

有些装饰品是用鱼骨制成的，从鱼骨的大小来推断，有的鱼大约有80厘米长，可能当时的人类已经有这样的本领从河里抓到如此大的鱼了。

有些装饰品是用海生的贝壳做的，但是山顶洞远离大海，两者之间的距离远远超出了一个人一天的活动范围。那么山顶洞人是怎么弄到这些贝壳的呢？难道他们跋山涉水好几天，往来于海边和山顶洞之间？或者他们曾经在海边居住，后来才搬到了山顶洞？要不就是他们曾经碰到过住在海边的人，从他们的手里得到了这些贝壳？可能的解释很多，不过我们可以推测，山顶洞人的活动范围可能已经比较大，或许已经会和其他地区的人类进行“以物换物”的交易了呢。

在山顶洞里还发现了一件“宝贝”，那是一根保存完好的骨针，仅针孔残缺，残长8.2厘米，针身微微弯曲，刮磨得很光滑，针孔是用小而尖锐的器具挖成的。它是中国最早发现的旧石器时代的缝纫工具，由此可知山顶洞人已经懂得缝衣御寒了。在纺织技术尚未发明之前，动物的毛皮是人们服装的主要材料。当时还没有绳、线，他们可能是用动物的韧带来缝制衣服的。

除了欧洲和亚洲之外，其他的大陆上也发现了晚期智人的踪迹。非洲撒

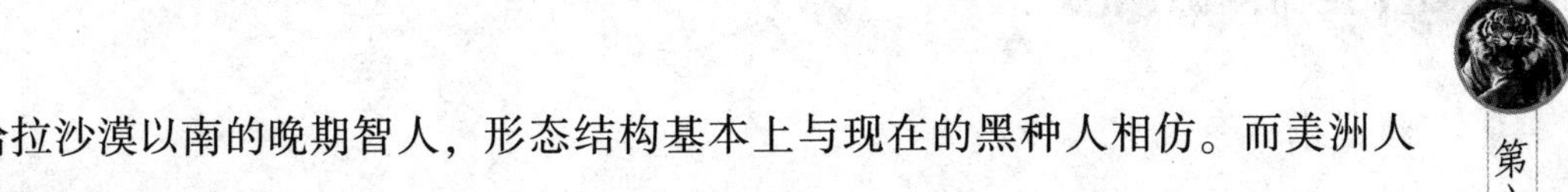

哈拉沙漠以南的晚期智人，形态结构基本上与现在的黑种人相仿。而美洲人最初都是黄种人。

在地球发展史上，曾经遇到过几次大冰期。当时两极的海水结冰，海平面下降，许多地方的海底露出水面，亚洲和美洲之间的白令海峡就是其中之一。在距今一两万年前的晚期智人时代，正好碰上迄今为止的最后一次冰期。由于此时人类已经发展到可以人工取火、缝制皮衣、搭建窝棚的阶段，因此亚洲的一部分人就越过了白令海峡，到达美洲。这样，黄种人就成了早期美洲的土著居民。15 世纪末哥伦布率队来到美洲，误以为是到了印度，就把那里的人叫做“印度人”。后来真相大白，才改口叫他们“美洲印度人”或“红印度人”，因为他们经常把身体涂成红色，而中国人则习惯于把他们的名字音译成“印第安人”。直到后来白种人大量移民到美洲，黄种人的数量才被白种人反超，成了“少数民族”。

但是澳洲的情况就有所不同了，因为在亚洲和澳洲之间有一条很深的海沟，即使是在冰期海平面下降的情况下，这里的海底也不可能露出水面，人类也就不是从陆路移民到澳洲了。但是当时又没有船，所以科学家们推测，人类可能是乘坐用植物的藤捆绑的竹筏或木筏，漂洋过海来到澳洲的。从澳洲出土的人类化石来看，他们的形态也比较接近中国和东南亚的晚期智人。

追溯人类起源的学说

人类起源一直是个众说纷纭的话题。不过，已经发表的两份遗传学研究结果有力地支持了“非洲起源说”，有望结束这场论战。这些新证据是否会对与“非洲起源说”对立的“多地区起源说”造成致命打击呢？且听我们慢

慢道来……

古人类学不是一门大学科，却有许多存在争议的问题。其中引起争论最多的话题之一就是人类的起源地问题。不过新近发表的两份遗传学研究结果似乎就这个问题给出了最终结论：今天的人类都起源于非洲。自19世纪发现第一批古人类化石以来，古人类学家们先是把欧洲当做人类的发源地，随后又把目光移向亚洲，最后他们把目标锁定在了非洲，认为人类在10万年前发源于非洲撒哈拉沙漠以南的某些地区。基于大部分考古发掘的结果，20世纪50年代有人提出了“走出非洲”理论（即非洲起源说）。之后，遗传学家们又在1987年提出了“夏娃理论”。

尽管非洲起源说的证据充足，但是并未成为所有人的共识。一部分专家，特别是中国专家，坚持认为亚洲才是人类的发源地。他们并不否认智人发源于非洲，但他们认为亚洲人的特殊体貌特征——比如中国人的铲形门齿——是非洲智人与亚洲当地比智人更古老的种群杂交的结果。证据就是在东方国家出土的古人（早期智人）化石。中国专家的观点属于多地区起源说的一种。但随着两份遗传学研究结果的发表，这种学说的地位将会被削弱，甚至可能被推翻。

第一份研究结果于2007年5月发表在《美国国家科学院院刊》（PNAS）上，内容是关于距今7万~5万年间人类在澳大利亚的繁衍情况。更确切地说，这篇文章指明了澳大利亚最初土著居民的起源。多地区起源论者认为，澳大利亚的土著居民不是智人的后代，而是晚于智人来到澳大利亚的、起源于亚洲大陆的直立人（Homo erectus）的后代。在威兰德拉湖区和科阿沼泽出土的化石能证明直立人在澳大利亚的出现晚于智人的出现。而遗传学家则运用确定人类迁徙路线最常用的方法——比较遗传标记，来探究澳大利亚土著的起源。对血液和唾液样本中的遗传标记（来自母亲的线粒体上携带的遗传标记和来自父亲的Y染色体上的遗传标记）进行对比的结果表明，澳大利亚土著和新几内亚岛的美拉尼西亚人的基因序列的确有一致的地缘特征，都是由来自非洲的远古基因序列演变而来。这种基因序列上的渊源关系是按基因

变异年代顺序倒推得出的。关键之处在于，“这项遗传学研究并没有发现任何所谓亚洲古人的血统”。法国波尔多第一大学的古生物遗传学家玛丽-弗朗斯·德吉尤（Marie-France Deguilloux）这样解释道。也就是说，所有迹象都显示，澳大利亚土著是非洲人的后裔，他们是在约5万年前的一次迁徙中来到澳大利亚的，当时澳大利亚大陆和新几内亚岛尚连成一体，构成名叫萨胡洲的古陆。

2007年7月发表在《自然》（Nature）杂志上的另一项研究综合分析了全球不同地区人类的遗传特征和外貌特征。而外貌特征一直以来都是支持多地区发源说的有力证据。

有人高喊“打假”

剑桥大学的研究人员首先研究了4666块男性头盖骨所显示的37种遗传特征的变化情况（如头盖骨的最大长度、眼眶间距等）。这批头盖骨来自目前世界上的105个种群，涵盖了北太平洋的阿留申人和南非的科伊桑人。研究的结论是，将上述特征的变化情况和这些种群之间的空间距离联系起来看，人类最有可能的发源地应分布于非洲撒哈拉沙漠以南的一片广袤地区，东起肯尼亚，西至科特迪瓦，南达南非的最南端。剑桥大学的研究结果说明了两件事：现代非洲人的头盖骨形态特征最为多样化，这种多样性随着远离非洲大陆距离的扩大而降低。也就是说，当初从非洲向外迁徙的人类只带走了人类发源地种群的一部分特征。玛丽-弗朗斯·德吉尤总结说：“这种地理分布上的梯度变化有力地说明，现代人起源于非洲。”

此外，专家们还针对来自39个不同种群的1579块女性头盖骨进行了一项特征研究，得出的结论与上述结论一致。另一项针对来自51个种群的789个微卫星标记（基因组中出现频率很高的一种微型DNA序列）变化情况的研究也表明与非洲大陆的距离越远，遗传特征的多样性就越低。这也印证了头盖骨形态多样性的变化趋势。据此，剑桥大学研究小组的成员兼研究报告撰写者弗朗索瓦·巴卢（Frangois Balloux）表示：“人类的发源地似乎非非洲莫属了。”

这下，对于人类从非洲起源该没有异议了吧？不。多地区起源论者仍坚持自己的观点。美国圣路易斯市华盛顿大学的遗传学家艾伦·坦普尔顿（Alan Templeton）愤愤不平地说“这两篇文章典型极了，完全就是我所说的‘与求证假说相容的假说’。实际上，几乎所有支持‘走出非洲’理论的‘证据’，包括线粒体，都只是与该理论相容而已，并不能证实该理论。”坦普尔顿在《进化》（Evolutions）杂志上撰文，对某些遗传学家用软弱无力的证据去证明一项“伪科学”表示遗憾。

“复杂的混合体”

古人类学界权威们的研究结果也与遗传学研究结果不一致。其中就有格鲁吉亚匠人（Homo ergaster，被认为是智人的祖先）化石的发现者大卫·洛德基帕尼茨（David Lordkipanidze）和西班牙先驱人（Homo antecessor，可能是尼安德特人的祖先）化石的发现者何塞·玛丽亚·贝穆德斯·德·卡斯特罗（Josd Maria Bermddez de Castro）。这两位专家于2007年8月在《美国国家科学院院刊》上撰文，对非洲和欧亚大陆上从南方古猿一直到旧石器时代末期的智人，前后时间相差近400万年的人类化石的牙齿进行了分析。他们的研究结果显示，旧石器时代末期智人的牙齿，比起非洲古人的牙齿来，与欧亚大陆古人类化石的牙齿更相似。而且，欧亚大陆上的人类和非洲大陆上的人类，两者的进化过程是相对独立的，欧洲大陆上人类的繁衍是与亚洲频繁交流的结果，与非洲的关系不大。不过，得出这个结论有个前提，就是假设牙齿是化石中表现型（如形态、嵴突、牙接触点等）与基因进化联系最紧密的部分。日内瓦自然历史博物馆

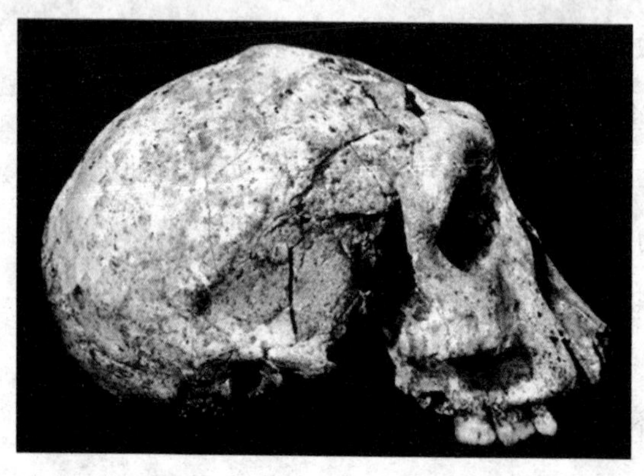

的纪尧姆·勒库安特（Guillaume Lecointre）教授认为，这个前提是值得商榷的。他说："作者们似乎忽略了这样的事实：有些相隔很遥远的种群尽管进化历程不同，但在相同的自然条件下进行自然选择后，也可能会带有一样的特征。"这种现象通常称为非同源相似或平行演化，牙齿的进化也可能出现这种现象。

不过，这两位专家并不否认现代人身上有非洲基因。他们只是坚持认为，尽管来自非洲的移民有可能取代了其他种群，但今天人类身上携带的基因不仅仅是非洲基因，而是远古基因和现代基因复杂的混合体。这种观点也有它的道理。不过，玛丽-弗朗斯·德吉尤一针见血地指出了这种理论的弱点："问题是，在现代人身上找不到任何远古种群的基因。"即便在中国人身上也找不到！也就是说，目前，非洲起源说仍是关于人类起源的最可信的一种解释，希望随着科学技术的发展，人类能真正弄明白"我从哪里来"。

人种之分

我们在电视上或者旅游区，经常能看见一些外国人，在很多情况下，我们一眼就能把他们从人群中认出来，因为在肤色、眼睛、头发等很多特征上，他们与我们都有很大的差别，这就是所谓的不同人种。

同一人种是有着共同体质特征的一群人，与其他人种之间具有显著差异，而且这种差异能够代代相传，在相当长的时间里不会随着环境的变化而发生明显的改变，而且一般也不受性别和年龄的影响。

现在世界上的人们大致可以分成四大人种：黄种人（或称蒙古人种、亚美人种）、白种人（或称欧罗巴人种、欧亚人种、高加索人种）、黑种人（或称尼格罗人种）、棕种人（或称澳大利亚人种）。黄种人主要居住在亚洲东部、北部、东南亚岛屿和美洲。白种人主要分布在欧洲、亚洲西南部、南亚和非洲北部，以及今天的美洲和澳大利亚。黑种人集中在北回归线以南的非洲中南部。棕种人则主要居住在澳大利亚及其附近岛屿。

尽管不同人种有着明显的差别，但他们之间仍然可以繁育后代，所以应该属于同一个物种。随着不同地区人们的频繁接触和通婚，也逐渐形成了一些过渡性的小人种，他们的体貌特征往往介于两个人种之间，也就是“混血儿”的一种情况吧。例如，生活在欧亚交界地区的乌拉尔人种就是黄种人和白种人混血产生的。而南太平洋岛屿上的波利尼西亚人种则是黄种人和棕种人混血的后代。

人种之间的区别主要包括肤色、头发的颜色和形状，以及眼、鼻、唇的形状等。

黄种人的肤色介于黑种人和白种人之间，随着地区的不同而略有变化，一般北方人较浅，南方人较深。脸比较扁平而宽大，颧骨特别突出，头发一般直而硬，胡须比较稀少。鼻子的宽度也介于黑种人和白种人之间，鼻梁偏低。但美洲的印第安人鼻梁比亚洲的黄种人要高一些。黄种人眼睛张开时的裂缝相对比较窄，在眼睛靠近鼻子的一端，上眼皮盖着下眼皮。多数人的上门牙内侧呈铲形。

黑种人的皮肤颜色黝黑，头发呈波浪形或卷曲，鼻子特别宽，鼻梁较塌，鼻孔特别宽大，嘴宽而向前突出，嘴唇较厚，并且外翻，眼睛呈黑色，胡子较少。

北欧的白种人，皮肤和头发的颜色都比较浅，向南逐渐加深。北非、中东以及印度的白种人肤色更深，有的甚至和黑人差不多。头发呈波浪形，比较柔软。男性的胡须一般比较浓密。面颊狭长，颧骨平塌。鼻子狭而高，嘴不向前突出，嘴唇较薄，口的宽度也比较小。上门牙呈铲形的人非常少。生活在高纬度地区的白种人，眼睛的颜色比较浅，往往带有蓝色、褐色或灰色。

棕种人的皮肤为棕色或巧克力色，头发棕黑色而卷曲或呈波浪形。鼻子

较宽，嘴巴向前突出，嘴唇较厚，这些特点与黑种人比较相似。

但是棕种人的眉骨比其他人种都要粗壮得多，从起源上看，他们很可能是爪哇猿人的后代，在进化上很早就与非洲黑人相分离。他们之所以与非洲黑人有很多相似之处，可能是由于所处的环境比较类似。

关于人种形成的原因，一般认为是人类在长期进化过程中适应环境的结果。

我们知道，肤色的深浅取决于皮肤中所含的黑色素数量，黑色素多肤色就深，反之肤色就浅，如果黑色素数量呈中等状态，则皮肤显黄色。因为黑色素能吸收阳光中的紫外线，保护皮下组织免受伤害，而接近赤道的热带地区紫外线又很强，所以在没有足够护体设备的原始时期，黑色素少的人不容易存活。于是在长期的进化过程中，像非洲中南部和澳大利亚这样的地区，就只剩下黑皮肤的人了。印度人、中东人和北非人，虽然他们的祖先与欧洲的白种人相同，但由于居住地的阳光太强，所以皮肤也就比欧洲的白种人黑多了。

黑种人和棕种人卷曲的头发，也形成了一个多孔的保护套，其中含有的大量空气形成了一个良好的隔热层，可以防止灼热阳光中大量的热量直接接触头部的皮肤，减少头部过热的可能性。

此外，黑种人的汗腺也比白种人多，这样有利于在炎热的环境中尽可能地使身体散失过多的热量，保持正常体温。黑种人宽而厚的嘴唇富含血管，同样也能起到一定的散热降温作用。

与之相反，北欧的气候比较寒冷，白种人高而长的鼻子以及狭窄的鼻腔，可以增加鼻腔与冷空气的接触面积，使吸入体内的冷空气在经过鼻腔的时候先进行充分的预加热，从而减少对肺部的伤害。

在欧洲，阳光中的紫外线常常被云层遮挡，虽然过多的紫外线会有害健康，但如果紫外线照射不足，也往往容易患上骨质疏松症和佝偻病。而且肤色深的人，皮肤中的黑色素还要再吸收掉一部分紫外线，这样就更容易得病，造成骨骼变形。这样的人不仅自己生活痛苦，而且得了病的妇女在分娩时常常难产，在没有什么医术的原始时期，难产就意味着宣判死刑。在残酷的自然选择面前，欧洲的黑种人被淘汰了。

而作为黄种人特点之一的狭窄眼裂，可能可以起到保护眼睛免受风沙袭击的作用。

所有这些，都显示出自然选择和人类适应之间的精妙。

人类的大脑智力发育

人类之所以能在今天的生物界奠定霸主地位，除了其他条件之外，脑的智力发展功不可没。可以说，没有智力的发展，就没有今天的人类。我们对于大脑智力的使用，已经频繁到不经意的地步了。小到日常生活中的细节处理，大到高深莫测的科学研究，除了睡觉，我们无时无刻不在利用我们的大脑来解决可能遇到的各种问题。即使是在梦里，大脑也还在为我们勾画一幅幅奇幻的画面。

其实，人类祖先的智力也就是在不知不觉中逐渐发展起来的。

举个例子来说吧，生活在现代社会中的人们，一般不会在高楼大厦之间跳来跳去，除非是出于某种特殊需要，或者是自己想不开了，因为如果从高楼上掉落下来，那就是非死即伤啊。但是我们的祖先最初生活在树上，这种树丛之间的跳跃是司空见惯的事情，所以他们就要格外小心，以免“一失足成千古恨”啊。正因为这样，每一个攀跃动作都构成了他们进化的机会。强大的自然选择力每时每刻都在起作用，促使机体向着这样的方向进化，那就是：完善、敏捷、精确的双目视力；多方面的操作技能；眼和手的密切配合以及自觉地掌握万有引力等。每获得这样一种技能都需要脑，特别是大脑皮质有较大的飞跃性发展。没想到就是在这样平常的跳跃和类似的活动中，竟然隐藏着人类智力发展的契机。人的智慧理应归功于我们那些在树上高居千

百万年的祖先们。今天从其他灵长类动物的身上，还能一睹当年我们的祖先飞纵山林之间所使用的高超绝技。

在大约距今五百万年前，南方古猿非洲种开始用双足行走，其脑容量大约是500毫升，比现代黑猩猩的脑大约只多出100毫升。根据这一点，古生物学家们推断，在大容量的脑产生之前，我们的祖先就已经开始用双足直立行走了。

在300万年前，地球上有了各种各样用双足直立行走的动物，他们的脑量与非洲南方古猿相比要大得多。像190万年前的能人，其脑量就已经接近700毫升，并且已经能够制造简单的工具。达尔文首先提出，制造并使用工具是解放双手促成双足直立行走的原因，也是其必然结果。但是，制造工具、直立行走与脑量的增加是相伴而生的，脑量增加究竟是前两者的原因，还是它们的结果，不能简单地下结论，或许它们之间是相互促进、互为原因的。

南方古猿粗壮型给人的印象是高个头，肌肉强健，显得有些笨头笨脑。他们在进化上非常稳定，从脑量的变化来看，相距几百万年的个体之间，脑量也几乎没有什么差异。

而南方古猿纤巧型则人如其名，身材纤细，敏捷灵活。与粗壮型相比，他们的进化更加高级一些，脑量变化也比较大。值得一提的是，南方古猿纤巧型的活动场所几乎都与有组织、有条理的劳动有关，并且还使用天然工具。而粗壮型则似乎与工具没什么联系。研究发现，南方古猿纤巧型的脑重/体重之比，差不多是粗壮型的2倍。这很容易使人联想到，脑重/体重之比很可能与工具的使用有关。

南方古猿粗壮型比纤巧型出现得要晚一些，但也就是在粗壮型南方古猿存在的同一时代，又出现了能人，其脑重与体重的比值，比所有的南方古猿都要大。

能人出现在因气候原因而使森林缩减的年代，他们来到广阔无际的非洲大草原上，那是一个充满多种多样的捕食者和被捕食者的领域，生存斗争异常激烈。在失去了浓密树林的天然庇护之后，智力似乎就成了没有尖爪利齿的能人赖以生存的法宝了。

能人的脑量已经达到800毫升，前额增大，大脑皮层的功能分化似乎已经给语言的产生提供了基础。从现存的一些圆形石头证据来看，在人类正式移居到洞穴中之前，能人可能已经会用木头、石头、树皮等材料进行户外建筑了。

到了距今50万年前的北京猿人和爪哇猿人，脑量又有了新的发展，可以接近或者突破1000毫升大关了。北京猿人对火的使用已经能够证明他们不同于前人的聪明才智了。但这还不足以满足人类征服世界的需要，因为那时人们制造的工具还比较简单，而且要依赖自然火来改善生活。

在距今20万年前到现在，曾经出现过以尼安德特人为代表的早期智人、以克罗马农人为代表的晚期智人，他们的脑量都超过了1500毫升，达到了现代人的水平，并且在这20万年之间就不再有太大的变化。由此而带来的好处就是工具制作水平的提高，以及人工取火的发明。而且人类恐怕也是所有生物中唯一意识到自己必然走向死亡的动物。

早期人类在狩猎过程中，尤其是要围捕大型的猛兽或是胆小敏捷的动物时，必须要小心翼翼地靠近猎物，否则不仅会落空，而且还可能丢掉性命，毕竟在那种恶劣的生存条件下，哪怕是普通的受伤，都可能是致命的。

因此，打手势交流思想统一行动是非常需要的，这可以看成是象征性的语言。但是，这种交流信息的方法一旦遇到漆黑的夜晚或者双手没有空闲时，就不那么管用了。因此我们可以设想，手势语会逐步地被口头语所补充或替代。这种口头语最初可能是源于一些象声词，例如儿童称狗为“汪、汪”。还有，在几乎所有的人类语言中，“妈妈”一词似乎是儿童在喂奶时无意中发出的声音模拟。所有这一切，如果没有大脑的调整都不可能发生。